"十三五"高等职业教育计算机类专业规划教材

网页设计与制作实例教程
（HTML+CSS+JavaScript）

主　编　冯淑杰　孙荣侠

副主编　窦立莉　雷　妍　赵姝菊　刘　辉

参　编　李　煦　王晓旭

U0310451

中国铁道出版社有限公司

CHINA RAILWAY PUBLISHING HOUSE CO., LTD.

内 容 简 介

本书以 HTML、CSS 和 JavaScript 为知识主线，以实例的形式介绍了网页设计的相关知识。全书共六个项目，内容涵盖网站策划、HTML 基础语法、网页布局、网页内容编辑、网页特效、综合实训。

本书以学习者为中心，不仅强调基本技能的训练、基础知识的学习，还注重能力的培养。书中收集了大量实例，通过从分析到制作的流程编排，最终形成项目引领、任务驱动的实例教程。

本书适合作为职业院校培养前端工程师岗位能力的入门教材，也可以作为网页制作人员的自学用书。

图书在版编目（CIP）数据

网页设计与制作实例教程：HTML+CSS+JavaScript/冯淑杰，孙荣侠主编. —北京：中国铁道出版社，2018.8（2020.12重印）
"十三五"高等职业教育计算机类专业规划教材
ISBN 978-7-113-24642-6

Ⅰ.①网… Ⅱ.①冯… ②孙… Ⅲ.①超文本标记语言-主页制作-程序设计-高等职业教育-教材②网页制作工具-高等职业教育-教材③JAVA 语言-程序设计-高等职业教育-教材 Ⅳ.①TP312.8②TP393.092

中国版本图书馆 CIP 数据核字（2018）第 157787 号

书　　名：网页设计与制作实例教程（HTML+CSS+JavaScript）
作　　者：冯淑杰　孙荣侠

策　　划：魏　娜　　　　　　　　　　　　编辑部电话：（010）63549501
责任编辑：贾　星　贾淑媛
封面设计：刘　颖
责任校对：张玉华
责任印制：樊启鹏

出版发行：中国铁道出版社有限公司（100054，北京市西城区右安门西街 8 号）
网　　址：http://www.tdpress.com/51eds/
印　　刷：北京建宏印刷有限公司
版　　次：2018 年 8 月第 1 版　　2020 年 12 月第 3 次印刷
开　　本：787mm×1092mm　1/16　印张：10.25　字数：249 千
书　　号：ISBN 978-7-113-24642-6
定　　价：29.80 元

前 言

在"互联网+"时代，各种网站的需求越来越多，规范性标准越来越高，技术越来越先进。传统的网站制作教材从技术实现的角度来看，使用的技术比较落后；从代码结构来看，没有将页面内容和样式进行分离，导致代码过于繁琐，不便于学习者阅读。

为适应现代技术的飞速发展，帮助众多喜爱网站开发的人员学习标准的网页设计规范、提高网站的设计及编码水平，编者根据多年的教学经验和学生的认知规律，在潜心研读网站制作的前沿技术之后，由众多教师经过多次讨论、多次修改之后精心编写了本书。本书既可作为应用型本科、高职院校、成人继续教育的教材，也可作为网页开发人员的自学或参考用书。

本书主要有以下特点。

1. 立足精品导向、能力引领

全书的编写始终秉承精品意识，以国家级精品教材标准为目标导向，并借鉴众多同类教材的编写经验，在内容上兼顾知识的基础性和前沿性、网页的创意性和技术实用性以及大学教学的学术性；在编写思想上遵守"授人以鱼不如授人以渔"的原则，重在能力的提高，而非知识的灌输，帮助读者快速提升网页设计技术和实际应用能力。

2. 内容系统完整、重点突出

Web 前端开发的教学主要有两项任务，即传授知识和培养兴趣。教学成功的关键是在这两方面寻找一个折中。如果上课讲授的知识点过多过细，学生思考和实践的环节就会减少；如果讲授的知识点过少，片面强调让学生实践，学生由于知识点没理清，又容易陷入低水平的盲目实践。

为此，本书在编写时，注重培养学生兴趣。从结构上分为三个部分，包括 HTML 标签学习、CSS 样式设计以及 JS（JavaScript）网页交互设计，注重培养学生兴趣。在内容编排上通过六个项目来完成知识学习，将 CSS 知识的学习作为重点，因为只有接触到 CSS，学生才会领会到这门课程的乐趣。内容涵盖网站策划、HTML 基础语法、网页布局、网页内容编辑、网页特效、综合实训。

3. 讲述通俗简洁、条理清晰

本书面向初学者，从零基础讲起，并迅速追踪到前沿技术。考虑到目前大多数院校课时压缩、强调学生自学能力培养的实际情况，本书的编写力求做到深入浅出、通俗易懂、表述简洁、条理清晰。本书对基础知识、基本技术技能和设计原理的讲述比较细致，在难懂的地方一般补充了图表、示例说明；所用程序、结构层次清晰，对关键代码给出了详细的注释，具有可读性和可理解性；全书力求避免大量的纯文字性、抽象描述，避免空洞、无内容。本书各章内容结构清晰，内容之间联系紧凑、自然，难度循序渐进、逻辑性强。

4. 案例引导、示例辅助、图文并茂

本书的教学大概需要 72 学时，带"*"号的章节建议学生自学。在知识编排上，项目 2 和项目 3 为基础，主要讲解了 HTML 标签，CSS 样式的基本语法与用法。项目 4 为重点，讲解了代码

的具体应用，课时具体安排如下：

课时安排表

内　　　容	课　　　时
项目一　网站策划	2
项目二　HTML 基础语法	6
项目三　网页布局	16
项目四　网页内容编辑	28
项目五　网页特效	10
项目六　综合实例	10
小计	72

　　考虑到大多数技术或代码比较抽象、难懂，在讲述时都辅之以精心设计的典型实例，通过具体示例来说明相关技术的使用技巧，并运用工具软件详细地说明操作步骤，以此实现讲述的简洁性、通俗易懂性。同时将各种技术的应用效果都用图片方式展示出来，做到图文并茂、形象直观。在编写上，总体遵循案例引导、示例辅助，从具体例子到抽象概念再到复杂技术的叙述方法。所有示例都经过上机测试，确保运行结果准确无误，读者可以直接在浏览器中打开该文件查看运行效果，并通过对实例代码的理解、模仿和改进，将所学用到实际项目中，做到即学即用。

　　本书由冯淑杰、孙荣侠任主编，窦立莉、雷妍、赵姝菊、刘辉任副主编。具体分工为冯淑杰负责全书的架构制定、统稿和项目 3 的编写工作，孙荣侠参与全书的架构制定并负责项目 2 的编写工作，窦立莉负责项目 1 的编写工作，雷妍负责项目 4（任务 4.1 至任务 4.3）的部分编写工作，赵姝菊负责项目 6 的编写工作，刘辉负责项目 5 和项目 2（任务 2.5）、项目 4（任务 4.4）的编写工作，李煦、王晓旭主要参与各任务的实验素材编辑工作。

　　编写过程中编者始终以"求真务实、尽善尽美"要求自己，不仅在编写前做了充分的准备，而且书稿几经修改、润色。尽管编者在编写过程中力求做到准确无误，但由于水平有限，不足和疏漏之处在所难免，恳请读者不吝赐教。

编　者

2018 年 5 月

目录

项目一 网站策划

项目导读

网站是一种多媒体传播的工具，人们通过它来查看信息，进行资源共享，在开发网站之前要了解网站开发原理，网站开发流程，本项目主要学习网站策划原理以及制作工具的使用方法。

知识目标

- 了解网页制作的基本要素。
- 掌握网站开发的流程。
- 掌握 Dreamweaver 的基本操作。
- 掌握站点的基本操作。
- 掌握网页的基本操作。

能力目标

- 了解网站开发的意义，增强与人沟通的能力。
- 具备熟悉应用 Dreamweaver 管理站点的能力。

重点与难点

- 网站站点的创建及文件目录的创建方法。
- Dreamweaver 的基本操作。

任务 1.1 了解网站开发流程

任务介绍

对"金苹果幼儿园"进行开发策划，确定主题，画出流程图，建立站点，收集材料，制作网页，进行测试。

任务分析

网站的建立需要前期准备、中期制作和后期测试发布几个阶段。前期准备需要了解网站的开发背景、明确网站的设计风格、确定网站的内容，制作出设计图；中期根据设计图进行制作；后期测试主要查看网站链接、不同浏览器的兼容效果等。在完成本任务过程中了解网站设计风格，了解网站设计原则，掌握网站开发策划原理。

 相关知识

1．设计的任务

设计是一种审美活动，成功的设计作品一般都很艺术化。但艺术只是设计的手段，而并非设计的任务。设计的任务是要实现设计者的意图，而并非创造美。网站设计的任务，是指设计者要表现的主题和要实现的功能。站点的性质不同，设计的任务也不同。

从形式上，可以将站点分为以下三类：

第一类是资讯类网站，像新浪、网易、搜狐等门户网站。这类网站将为访问者提供大量的信息，访问量较大。因此需注意页面的分割、结构的合理、页面的优化、界面的亲和等问题。

第二类是资讯和形象相结合的网站，如一些较大的公司、国内的高校等。这类网站在设计上要求较高，既要保证资讯类网站的上述要求，同时又要突出企业、单位的形象，然而就现状上来看，这类网站有粗制滥造的嫌疑。

第三类则是形象类网站，比如一些中小型的公司或单位。这类网站一般较小，有的仅有几页，需要实现的功能也较为简单，网页设计的主要任务是突出企业形象。这类网站对设计者的美工水平要求较高。

2．设计原则

设计是有原则的，无论使用何种手法对画面中的元素进行组合，都一定要遵循五个大的原则：统一、连贯、分割、对比及和谐。

统一，是指设计作品的整体性、一致性。设计作品的整体效果是至关重要的，在设计中切勿将各组成部分孤立分散，那样会使画面呈现出一种枝蔓纷杂的凌乱效果。

连贯，是指要注意页面的相互关系。设计中应利用各组成部分在内容上的内在联系和表现形式上的相互呼应，并注意整个页面设计风格的一致性，实现视觉上和心理上的连贯，使整个页面设计的各个部分极为融洽，一气呵成。

分割，是指将页面分成若干小块，小块之间有视觉上的不同，这样可以使观者一目了然。在信息量很多时为使观者能够看清楚，就要注意到将页面进行有效的分割。分割不仅是表现形式的需要，换个角度来讲，分割也可以被视为对于页面内容的一种分类归纳。

对比，是通过矛盾和冲突，使设计更加富有生气。对比手法很多，例如：多与少、曲与直、强与弱、长与短、粗与细、疏与密、虚与实、主与次、黑与白、动与静、美与丑、聚与散等。在使用对比的时候应慎重，对比过强容易破坏美感，影响统一。

和谐，指整个页面符合美的法则，浑然一体。如果一件设计作品仅仅是色彩、形状、线条等的随意混合，那么作品将不但没有"生命感"，而且也根本无法实现视觉设计的传达功能。和谐不仅要看结构形式，而且要看作品所形成的视觉效果能否与人的视觉感受形成一种沟通，产生心灵的共鸣。这是设计能否成功的关键。

3．网站开发

1）网站策划

（1）策划网站主题

在设计网站之前，要确定好网站的主题，每个网站都应该具有一个明确的主题。本项目所创建的网站是一个学习类网站，注意选择的主题一定要精确，首先弄清楚建设网站的目的是什么，针对的对象是谁，然后根据行业的特性选择适合该网站的内容，功能的选择也要符合网站的需求。

（2）确定网站风格

确定好网站主题后，就要根据该主题选择网站的风格。由于本项目所建立的网站是一个幼儿类网站，要求结构清晰，结合现代教学理念，将学习与网络合理整合，体现教学对象广泛、使用方便、时间自由的特点。本网站的主要特点如下：

① 设计风格要大众化，为了提高浏览速度，尽量减少图片的使用，更多地使用表格实现效果。

② 背景颜色以绿色和白色为主、黄色为辅，文字颜色以黑色为主、蓝色和红色为辅。

③ 文字内容丰富、知识性强，标题简洁明了，字体一般采用宋体，大小一般为 12 像素。

④ 首页的版式结构采用典型的"国"字型结构，二级栏目网页采用简单的"左右型"结构。

（3）构思网站栏目结构

根据网站主题，构建结构图，如图 1.1.1 所示。

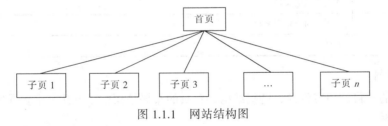

图 1.1.1　网站结构图

（4）网站文件的命名规范

建立一个网站存在很多文件，那么文件的命名原则就需要规范。

① 以最少的字母达到最容易理解的意义。

② 索引文件统一使用 index.html 文件名。

文件名称统一用小写的英文字母、数字和下画线的组合，尽量以单词的英语翻译命名。例如：feedba _ck（信息反馈），aboutus（关于我们）。多个同类型文件使用英文字母加数字命名，字母和数字之间用下画线分隔。例如：news_01.htm。注意，数字位数与文件个数成正比，不够的用 0 补齐。例如共有 200 条新闻，其中第 18 条命名为 news_018.htm。

（5）规划网站目录结构和链接结构

根据网站策划确定的栏目结构，创建网站目录，一个网站的目录结构要求层次清晰、井然有序，首页、栏目页、内容页区分明确，这样有利于日后的修改。

网站的链接结构与目录结构不同，网站的目录结构指网站的文件存放结构，文件类型如表 1.1.1 所示。一般只有设计人员可以直接看到，而网站的链接结构指网站通过页面之间的联系表现的结构，浏览者浏览网站能够观察到这种结构。

注意

文件夹和文件的名称建议不要使用中文名，因为中文名在 HTML 文档中容易生成乱码，导致链接产生错误。

表 1.1.1　网站的目录结构及其存放的文件类型

文件夹名称	存放的文件类型
css	CSS 样式文件
flash	动画文件、视频文件
image	图像文件、照片
js	外部脚本文件
Library	库文件
music	音乐、音频文件
Templates	模板文件
text	文字素材
webpage_1	一级页面文件，该文件夹又有多个子文件夹，例如 webpage_1_01
webpage_2	二级页面文件，该文件夹又有多个子文件夹，例如 webpage_2_01
other	其他类型的文件
webstandby	备用页面、备用素材
index.html	主页

2）准备素材

根据网站的栏目、内容设计，链接结构，首页的布局结构，以下几个主要导航页面的布局结构准备所需素材。

（1）准备文本

准备大量网页中所需的文字资料，可以从各类网站、各种书籍中搜集文字资料，然后制作成 Word 文档或文本文件，注意各种文字资料的文件名命名要科学合理，避免日后找不到所需的文本内容。

（2）准备 Logo

利用 Fireworks 或 Photoshop 量身定做本网站的 Logo 标志，Logo 标志要与本网站的主题相符，要有新意。

（3）准备图片及按钮

根据需要到网上或素材光盘中搜集所需的图片和按钮。有些图片、按钮需要自己利用图像处理软件制作，注意图片文件要尽可能小。

（4）准备动画

网站中的动画最好能突出主题，起到画龙点睛的功效，动画一般利用 JavaScript 制作。

（5）建立模板

网页中经常用到的项目，例如版权区，可以事先定义在模板中，以备制作网页时重复使用，提高工作效率。

实施步骤

步骤 1：开发"金苹果幼儿园"网站。确定主题，分析策划和收集资料，先在纸上绘制网站的栏目结构草图，经过反复推敲，最后确定完整的栏目和内容的层次结构。"金苹果幼儿园"网站的结构图如图 1.1.2 所示。

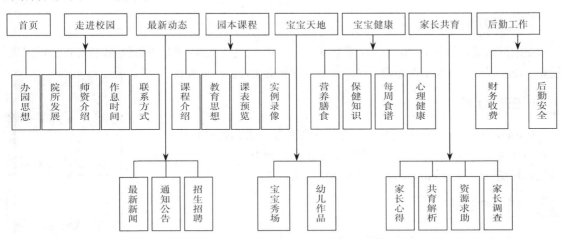

图 1.1.2 "金苹果幼儿园"网站的结构图

步骤 2：设计页面。设计师跟客户沟通，了解客户的基本要求后，根据结构图制作相应的主页效果图和子页效果图，将设计好的效果图给客户确认，直到客户满意。

步骤 3：设计站点。首先建立站点文件夹，然后将图片、CSS 等资源文件放入站点相应文件夹中。"金苹果幼儿园"网站文件目录如图 1.1.3 所示。

图 1.1.3 "金苹果幼儿园"网站文件目录

步骤 4：制作网页。根据效果图制作网页。

步骤 5：测试网站。将网站上传到服务器，并进行测试。

任务 1.2　使用 Dreamweaver 建立站点

 任务介绍

使用网站编辑软件 Dreamweaver 建立图 1.2.1 所示的站点文件，网站不仅包括网页，还包括图像、视频、CSS 等文档，为了更好地维护，一般建立相应文件夹存放素材。

 任务分析

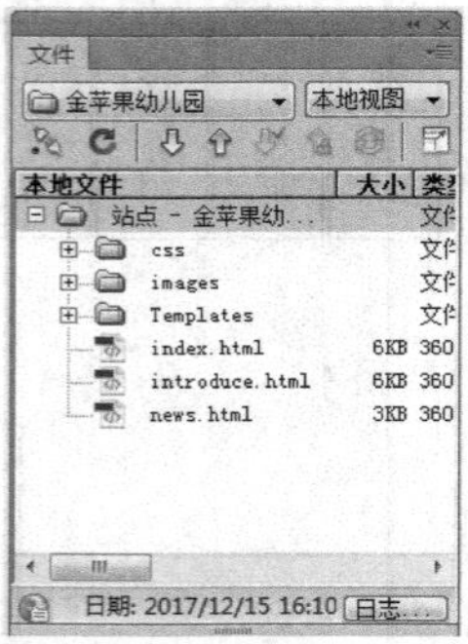

Dreamweaver 是一款集网页制作和网站管理于一身的编辑软件，一般在制作网页之前，先定义站点。在完成本任务过程中了解 Dreamweaver 的工作环境，掌握 Dreamweaver 定义管理站点的方法。

相关知识

1．Dreamweaver 工作区布局概述

图 1.2.1　文件站点

使用 Dreamweaver 的工作区，可以查看文档和对象的属性，使用工作区内的工具栏，还可以快速地更新和修改文档。在集成的工作区中，全部窗口和面板都被集成到一个更大的应用程序窗口中。

1）查看完整的应用程序窗口

完整的应用程序窗口即工作区布局，如图 1.2.2 所示。

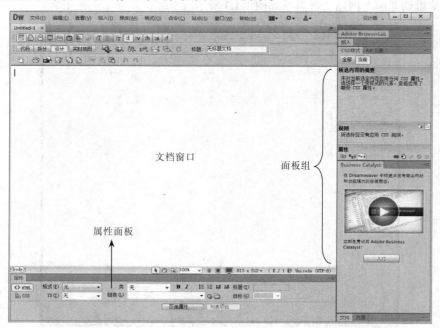

图 1.2.2　工作区布局

2）Dreamweaver 显示和隐藏工具栏

① 在 Dreamweaver 中，单击菜单栏"查看"→"工具栏"命令，在弹出的子菜单中即可选择相关的工具栏，如图 1.2.3 所示。

图 1.2.3　工具栏

- 样式呈现：用于控制页面在不同媒体类型中的显示方式。
- "文档"和"标准"：执行与文档相关的操作。

② 也可在已经打开的工具栏上右击，在快捷菜单中选择相关的工具栏，如图 1.2.4 所示。

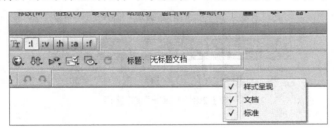

图 1.2.4　窗口

③ 单击"窗口"→"代码检查器"命令，打开"代码检查器"窗口，在窗口中单击"选项菜单"，选择"代码编写工具栏"，如图 1.2.5 所示，可以打开"编码"工具栏。

图 1.2.5　代码检查器

如果想要隐藏某一个工具栏，重复上面的步骤，重新选择即可。

3）Dreamweaver 常用工具栏

①"样式呈现"工具栏，如图 1.2.6 所示。

图 1.2.6　"样式呈现"工具栏

②"文档"工具栏，如图 1.2.7 所示。

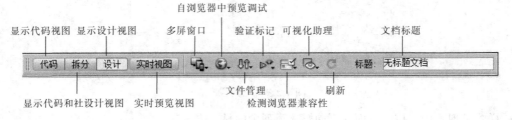

图 1.2.7　"文档"工具栏

③"标准"工具栏，如图 1.2.8 所示。

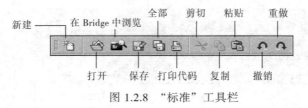

图 1.2.8　"标准"工具栏

2．管理站点

1）管理本地站点

规划网站的结构要注意以下几个方面：

- 文件及文件夹的命名要规范。
- 不要将所有文件存放在站点根目录下。
- 建立子文件夹对文件进行分类存放。
- 每个主栏目下都建立独立的 Image 目录。
- 模板（Library）和库（Templates）文件夹一定要位于站点根目录之下并不能被更名，否则在使用模板和库时就会出错。

2）新建站点

选择"文件"→"管理站点"命令，弹出"管理站点"对话框，单击"新建站点"按钮，弹出"站点设置对象"对话框，在"站点名称"中输入"依林小镇"，如图 1.2.9 所示，单击"保存"按钮。

- 站点名称：输入网站的名称。网站名称显示在站点面板中的站点下拉列表中。站点名称不会在浏览器中显示，因此可以使用喜欢的任何名称。

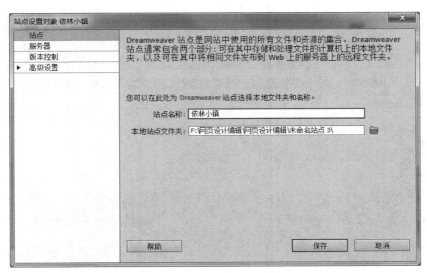

图 1.2.9 建立站点

- 本地站点文件夹：放置该网站文件、模板以及库的本地文件夹。在文本框中输入一个路径和文件夹名，或者单击右边的文件夹图标选择一个文件夹。如果本地根目录文件夹不存在，那么可以在"选择根文件夹"对话框中创建一个文件夹，然后再选择它。

3）复制站点

① 在"管理站点"对话框中，选择要复制的站点，如选择"依林小镇"，如图 1.2.10（a）所示。

② 单击对话框中的"复制"按钮，即可复制出"依林小镇复制"的站点，如图 1.2.10（b）所示。

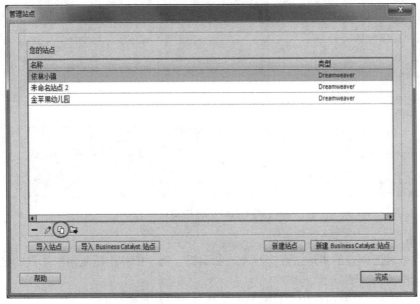

（a）"管理站点"对话框

图 1.2.10 复制站点

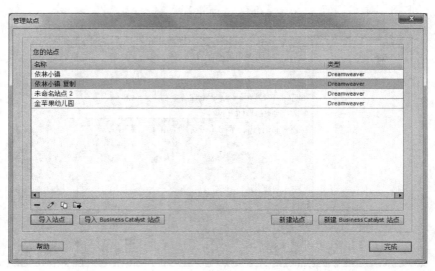

（b）完成复制

图 1.2.10   复制站点（续）

4）删除站点

① 在"管理站点"对话框中，选择要删除的站点，如选择"依林小镇"。

② 单击"管理站点"对话框中的"删除"按钮，如图 1.2.11 所示，弹出提示框，询问是否删除本地站点，单击"是"按钮，即可删除本地站点"依林小镇"。

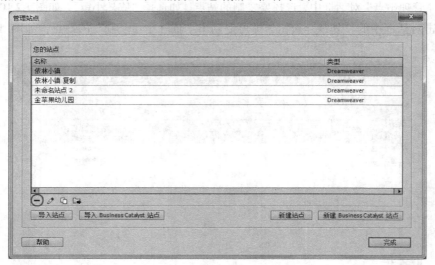

图 1.2.11   删除站点

5）编辑站点

编辑站点是对已创建的本地站点进行修改和编辑。将"依林小镇复制"站点的名称改为"依林小镇"的操作为：

① 在"管理站点"对话框中选择要编辑的站点"依林小镇复制"。

② 单击"管理站点"对话框中的"编辑"按钮，如图 1.2.12 所示，弹出"站点设置对象 依

林小镇复制"对话框，将"依林小镇复制"改为"依林小镇"，单击"确定"按钮即可。

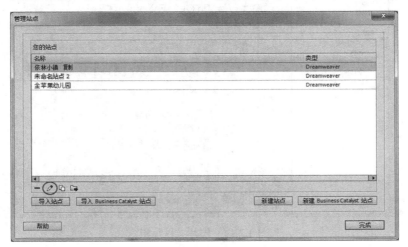

图 1.2.12 编辑站点

实施步骤

步骤 1：在本地硬盘上新建一个文件夹或者选择一个已经存在的文件夹作为站点的文件夹，那么这个文件夹就是本地站点的根目录。如果是新建的文件夹，那么这个站点就是空的，否则这个站点就包含了已经存在的文件。

步骤 2：启动 Dreamweaver，单击菜单"站点"→"新建站点"命令，或者选择"文件"→"管理站点"命令，弹出"管理站点"对话框，单击"新建站点"按钮，打开"站点设置对象"对话框，站点名称中输入"金苹果幼儿园"，如图 1.2.13 所示。

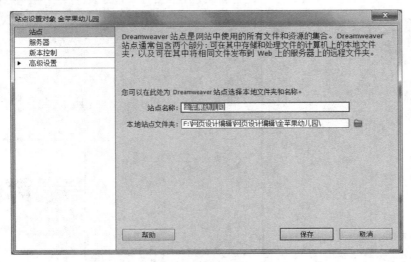

图 1.2.13 新建站点

步骤 3：在左边选择"高级设置"→"本地信息"命令，如图 1.2.14 所示，在"默认图像文件夹"处设置站点图片存放的文件夹的默认位置。

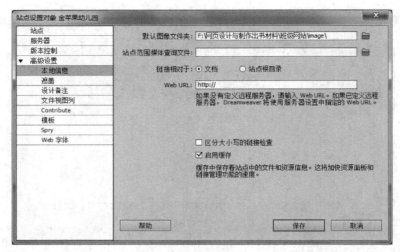

图 1.2.14　图片文件编辑

步骤 4：设置完毕，单击"保存"按钮。打开站点面板，可以看到图 1.2.1 所示的站点。

任务 1.3　网页文档基本操作

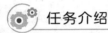　任务介绍

定义好站点后，就可以建立网页了。对新建网页文档进行简单设置，包括头信息、页面属性，效果如图 1.3.1 所示。

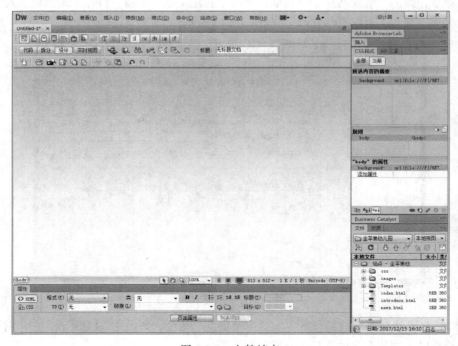

图 1.3.1　文件站点

 **任务分析**

网页是图文资源在网上展示的载体，如何制作网页是我们学习的重点。在完成本任务过程中掌握如何制作网页，了解网页的增删改查，掌握网页属性的设置，掌握网页文件头的设置。

 相关知识

1. 新建 HTML 文件

① 单击菜单"文件"→"新建"命令，弹出"新建文档"对话框，如图 1.3.2 所示。

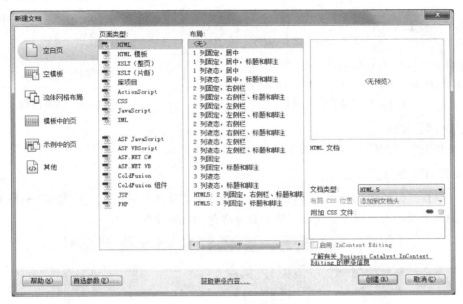

图 1.3.2 "新建文档"对话框

② 在"新建文档"对话框的左侧选择"空白页"项，在中间的"页面类型"下选择"HTML"项，在右侧的"布局"中选择"无"，"文档类型"下拉列表中选择"HTML 5"，然后单击"创建"按钮，即可创建一个新的 HTML 文档。

2. 打开、预览和关闭网页文档

1）打开网页文档

① 单击菜单栏"文件"→"打开"命令，弹出"打开"对话框，如图 1.3.3 所示。

② 查找要打开的文件并选中它。

③ 单击"打开"按钮，就打开了一个 HTML 文档。

2）浏览网页文档

以在 IExplore 中预览为例，执行以下操作之一：

① 单击菜单栏"文件"→"在浏览器中预览"→IExplore 命令。

② 使用快捷键为【F12】。

③ 在文档工具栏中单击"在浏览器中预览/调试"按钮，弹出面板如图 1.3.4 所示。

图 1.3.3 "打开"对话框   图 1.3.4 浏览面板

3）关闭网页文档

单击文档上的"关闭"按钮或按【Ctrl+W】组合键。

3. 设置 HTML 页面属性

单击"属性"面板→"页面属性"按钮，弹出"页面属性"对话框，如图 1.3.5 所示，指定网页页面的若干基本页面属性，包括字体、背景颜色和背景图像。

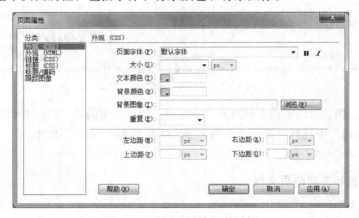

图 1.3.5 "页面属性"对话框

① 页面字体：指定在网页页面中使用的默认字体系列。Dreamweaver 将使用用户指定的字体系列，除非已为某一文本元素专门指定了另一种字体。

② 大小：指定在网页页面中使用的默认字体大小。Dreamweaver 将使用用户指定的字体大小，除非已为某一文本元素专门指定了另一种字体大小。

③ 文本颜色：指定显示字体时使用的默认颜色。

④ 背景颜色：设置页面的背景颜色。单击"背景颜色"框，并从颜色选择器中选择一种颜色。

⑤ 背景图像：设置背景图像。单击"浏览"按钮，然后查找图像并将其选中，或者可以在

"背景图像"框中输入背景图像的路径。与浏览器一样，如果图像不能填满整个窗口，Dreamweaver 会平铺（重复）背景图像。

⑥　重复：指定背景图像在页面上的显示方式：

- 选择"非重复"选项将仅显示背景图像一次。
- 选择"重复"选项将横向和纵向重复或平铺图像。
- 选择"横向重复"选项可横向平铺图像。
- 选择"纵向重复"选项可纵向平铺图像。

⑦　左边距和右边距：指定页面左边距和右边距的大小。

⑧　上边距和下边距：指定页面上边距和下边距的大小

实施步骤

步骤 1：启动 Dreamweaver，在"文件"面板→"站点名称"中选择任务 1.2 中建立的"金苹果幼儿园"站点，新建网页。

步骤 2：单击"属性"面板→"页面属性"按钮，或单击菜单"修改"→"页面属性"命令，打开"页面属性"对话框，如图 1.3.5 所示。

步骤 3：在"分类"列表中选择"外观"选项，右侧显示外观的编辑区域。在"大小"下拉列表内选择"12"，在后面的单位列表中选择"像素（px）"。此时网页中的文字大小被设置为 12 像素。

步骤 4：单击"文本颜色"按钮，打开调色板，使用吸管工具选择颜色。如图 1.3.6 所示，在"文本颜色"编辑框内显示的是所选颜色的色标值。

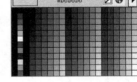

图 1.3.6　在调色板中吸取文本颜色

说明

如果知道所需颜色的色标值，也可直接在"文本颜色"编辑框内输入该值。在调色板中单击"系统颜色拾取器"按钮，可以在"颜色"对话框中选择更多颜色。

步骤 5：在"背景颜色"编辑框中输入颜色标值#000，设置背景颜色。

步骤 6：单击"背景图像"编辑框右侧的"浏览"按钮，打开"选择图像源文件"对话框。在对话框内选择要设置为背景图像的图像，单击"确定"按钮，背景图像的路径和文件名显示将在编辑框内。

步骤 7：设置左边距、右边距、上边距和下边距分别为 0 像素，表示网页中的内容与浏览器边框的距离为 0 像素。以上内容设置完后，"页面属性"对话框如图 1.3.7 所示。

步骤 8：选择"分类"列表中的"链接"命令，右侧切换到"链接"区域。在其中设置链接文件的相关属性。在"链接颜色"和"已访问链接"编辑框内输入色标值 # 0000。

步骤 9：在"下画线样式"下拉列表中选择"始终有下画线"命令。"页面属性"对话框如图 1.3.8 所示。

说明

在页面属性中"链接字体"和"大小"通常使用默认设置，链接文字状态将继承在"外观"中的字体和大小的设置。

图 1.3.7 "页面属性"对话框中"外观"区域的设置

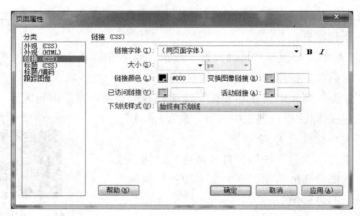

图 1.3.8 "页面属性"对话框中"链接"区域的设置

步骤 10：选择"分类"列表中的"标题/编码"命令，右侧切换到"标题/编码"区域。在"标题"编辑框内输入其网页在标题栏显示的标题名称，这里输入文字"系统集成"；在"编码"下拉列表中选择"简体中文（GB2312）"选项。如图 1.3.9 所示。单击"确定"按钮，返回网页编辑区。

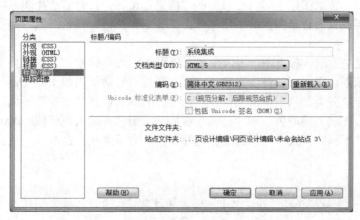

图 1.3.9 "页面属性"对话框中"标题/编码"区域的设置

> **⚠ 说明**
> 网页标题栏原来显示的"无标题文档",现在显示为"系统集成"。背景平铺了的背景图像。

步骤 11:在网页编辑框口中,不能看到鼠标经过时链接文字的显示效果。要查看效果,可按【Ctrl+S】组合键保存网页,然后按【F12】键,打开 IE 浏览器窗口查看链接文字的状态。

步骤 12:设置头信息,单击"插入"面板→"常用"→"文件头:关键字"按钮,如图 1.3.10 所示。

步骤 13:在"关键字"对话框中输入"幼儿园",如图 1.3.11 所示,单击"确定"按钮,返回网页编辑窗口。单击文档面板的"拆分"按钮,切换到代码视图和设计模式。在<head>...</head>代码之间显示了关键字代码:<meta name="Keywords" content="幼儿园" />。

图 1.3.10　头文件面板

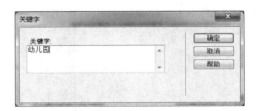

图 1.3.11　"关键字"对话框

> **⚠ 说明**
> 在"关键字"对话框中输入与网页内容相关的"关键字",可以提升在搜索引擎中查找网页的准确率,并提高访问量。

步骤 14:单击"插入"面板→"常用"→"文件头:刷新"按钮,打开"刷新"对话框。在对话框"延迟"编辑框内输入 10,表示每 10 秒钟刷新一次网页,在"操作"区选择"刷新此文档",单击"确定"选钮,如图 1.3.12 所示,在代码编辑窗口<head>...</head>代码之间显示了刷新代码:<meta http-equiv=" refresh " content=" 10 ">。

图 1.3.12　"刷新"对话框

> **⚠ 说明**
> "刷新"功能常用在 BBS 或聊天室中,或在一些经常更新的网页中也会用到。它使网页浏览者可以随时看到网页更新的内容。"刷新"对话框中的"转到 URL"选项,可以实现页面跳动的功能。

项目总结

本项目主要介绍了网页制作的基础流程和 Dreamweaver 的基础操作，在本项目的学习中，应注意以下几点：

- 网页的构成元素功能可以分成 Logo、导航条、banner、标题栏等，网页本质是由图片、文本、动画、视频以及脚本等组成。
- 制作网页时一般要使用软件，Dreamweaver 就是最常用的软件，应掌握软件的基本功能。
- 学会使用 Dreamweaver 定义和管理站点。
- 设置文档头信息时，注意选择有代表性的词语概括网站的基本功能。

课 后 练 习

利用所学的知识建立一个班级站点，画出逻辑结构图，站点文件夹应分类明确，制作出目录，且网页命名合理。

项目二　HTML 基础语法

项目导读

　　网页主要由结构、表现和行为 3 部分组成，其中结构是指网页的内容部分，主要通过 HTML 语言实现，本项目主要学习如何通过使用 Dreamweaver 软件编辑 HTML 代码制作网页。

知识目标

- 掌握常用 HTML 标签的语法规则。
- 掌握在 Dreamweaver 中插入文字、图像、列表、超链接等 HTML 元素的方法，以及网页各元素的 HTML 标签的写法。
- 掌握与表格相关的 HTML 标签，能够根据需求插入表单标签。
- 掌握与表单相关的 HTML 标签，能够根据需求插入表单标签。

能力目标

- 能够灵活使用相应软件编辑网页。
- 能够应用 HTML 标签创建和编辑简单网页。

重点与难点

- 掌握 HTML 语法规则。
- 能够正确使用 HTML 标签编辑网页。

任务 2.1　使用 HTML 创建一个空白页

任务介绍

　　使用 HTML 标签创建一个标题为"信息工程系"的空白网页。

任务分析

　　一个网页对应于一个 HTML 文件，HTML 的结构包括文件头（head）、主体（body）两部分。在完成本任务过程中掌握网页基本结构，了解网页结构标签，掌握 HTML 语言及基本的标签语法。

 **相关知识**

1．网页基本结构

HTML 是用来描述网页的一种语言，这种语言使用"标记对"方式容纳内容，一个标记对用<标签名></标签名>形式表示标记的开始和结束，例如<html></html>就是网页中最基本的标记。

HTML 文档是一种纯文本格式的文件，文档的基本结构为：

```
<!DOCTYPE html>
<html>
    <head>
    <meta charset="utf-8">
    <title>菜鸟教程(runoob.com)</title>
    </head>
    <body>
        <h1>我的第一个标题</h1>
        <p>我的第一个段落。</p>
    </body>
</html>
```

（1）HTML 文档标签<html></html>

<html>处于文档的最前面，表示 HTML 文档的开始，即浏览器从<html>开始解释，直到遇到</html>为止。每个 HTML 均以<html>开始，以</html>结束。

HTML 文档标签的格式为：

```
<html>文档内容</html>
```

（2）HTML 文档的头标签<head>…</head>

HTML 文档包括头部 head 和主体 body。文档头部内容在开始标签<head>和结束标签</head>之间定义，用来设置文档标题和其他在网页中不显示的信息。

HTML 文档的头标签的格式为：

```
<head>头部设置内容</head>
```

（3）HTML 文档的主体标签<body>…</body>

主体位于头部之后，即</head>之后，以<body>开始标签，以</body>为结束标签，用来定义网页上显示的主要内容和显示格式，是整个网页的核心，网页页面上显示的内容都包含在主体中。

HTML 文档的主体标签的格式为：

```
<body>主体内容</body>
```

2．HTML 标签

HTML 指的是超文本标记语言（HyperText Markup Language），HTML 不是一种编程语言，而是一种标记语言，是 WWW 上通用的网页编辑语言。

用 HTML 的语法规则建立的文档可以运行在不同操作系统的平台上，HTML 文档属于纯文本文件，可以在任何文本编辑器中创建和编辑，其扩展名为.htm 或.html，该文档通过各种 HTML 标记将信息组织成为一个文本文件，将该文本文件在浏览器中打开就是我们看到的图文并茂的网页。

① 标签语法规则：

● HTML 标签可以嵌套，但不允许交叉。

● HTML 标签是由尖括号包围的关键词，比如 <html>。

- HTML标签分为单标签和双标签，双标签通常是成对出现的，比如和，单标签也必须关闭，如
。
- HTML标签一行可以写多个标签，一个标签也可以分多行写，但是标签中的一个单词不允许分两行写。

② 标签格式为：

```
<标签>内容</标签>
```

实施步骤

步骤 1：启动 Dreamweaver，选择"文件"→"新建"命令，新建一个网页。

步骤 2：完成空白页 HTML 结构的编写，标题为"信息工程系"。

HTML 程序代码：

```
<!DOCTYPE HTML>
<html>
<head>
<meta http-equiv="Content-Type" content="text/html; charset=utf-8">
<title>信息工程系</title>
</head>
<body>
</body>
</html>
```

任务 2.2　创建一个新闻网页

任务介绍

按 HTML 格式化文本标签要求，制作一个新"新闻网页"，设置网页的文字与段落，添加图片，效果如图 2.2.1 所示。

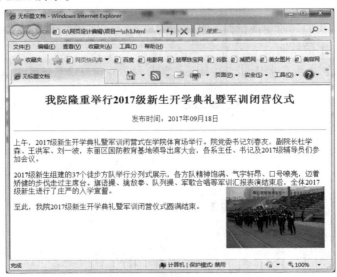

图 2.2.1　基本图文网页——新闻网页

任务分析

　　文字是网页传递信息的重要载体之一，也是网页中不可缺少的元素。HTML 超文本标识语言是构成网页文档的主要语言，它可以简单对网页文本进行排版。在完成本任务过程中，掌握 HTML 标签的写法、含义，掌握网页结构的编写，了解 HTML 标签的一些属性。

 相关知识

1．HTML 标题、水平线、段落、换行标签

1）HTML 标题标签<h#>...</h#>

　　标题的作用是让用户快速了解文档的结构和大致信息，一般用加强的效果来表示。标题是通过<h1>至<h6>标签进行定义。<h1>标签定义最大的一号标题，<h6>标签定义最小的六号标题。如果文本被定义为标题，其会独立占一行显示。标题文字标签的格式为：

```
<h#  align="left|center|right">标题文字</h#>
```

属性 align 用来设置标题在页面中的对齐方式，包括 left（左对齐）、center（居中）、right（右对齐），默认为 left。

2）HTML 水平线

　　水平线主要用来分隔网页中的内容，水平线标签<hr/>是一个单标签，作用是在页面中创建水平线。水平线标签的格式为：

```
<hr align="left|center|right"  size="水平线粗细"  width="水平线宽度"
color="水平线颜色"  noshade="noshade"/>
```

3）HTML 段落

　　浏览器忽略用户在 HTML 编辑器中输入的回车符，所以需要用段落标签<p></p>，段落标签通常会在段落前后加上额外的空行，段落标签的格式为：

```
<p  align="left|center|right">段落文字</p>
```

4）HTML 换行

　　编辑网页时有时我们只需要换行而不形成新的段落,可以使用
标签,
是一个单标签,通常放置在要换行文字的后面。

【课堂练习 2.2.1】在网页中使用<h2>标签设置标题,<p>标签设置段落，效果如图 2.2.2 所示。

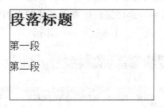

图 2.2.2　使用标题段落的网页

HTML 程序代码：

```
<h2>段落标题</h2>
<p>第一段</p>
<p>第二段</p>
```

2．HTML 图像标签

1）认识网页中的图像

网页中的图像通常有 3 种常用格式：GIF、JPEG 和 PNG。

① .gif 格式最多支持 256 种颜色，最适合显示色调不连续或大面积具有单一颜色的图像，例如导航条、按钮、图标等。

② .jpeg 格式是用于摄影和连续色调的图像，如各种照片。

③ .png 格式是一种替代.gif 格式的无专利权限制的格式，它包括对索引色、灰度、真彩色图像以及 Alpha 通道透明的支持。

一般在网页设计中选择的图像不要超过 8 KB，如果必须选择大图像时，最好将其分成若干小图像，显示时再拼接起来。高质量的图像一般体积较大，不太适合网络传输。

2）图像标签及其说明

HTML 图像分为两类：背景图像和插入图像。背景图像是作为一个属性存在的，我们放在 CSS 中讲解，插入图像是通过<img/>标签定义的，这是一个单标签。图像标签的格式为：

```
<img  src="图像路径" width="图像宽度" height="图像高度" alt="替代文本">
```

在 HTML 中，width 和 height 属性来调整图像大小，width 和 height 的单位可以是像素，也可以是百分比，百分比指的是显示图像大小占浏览器窗口大小的百分比。

alt 指的是替代文本说明，当图像在浏览器中不能正常显示时，alt 设置的替代文本说明就很有必要了。替代文本说明图像信息，应该简洁清晰，能让用户在图片不能正常浏览的情况下了解图片的内容信息。

src 指 source，即设置图像路径。在 HTML 中，表示图像的路径有以下几种方式：

① 绝对路径：绝对路径是书写完整的路径，系统按照整个路径查找文件。绝对路径中的盘符后面用:\或:/分隔，各目录名之间及目录名与文件名之间用\或/分离。例如：<img src="e:\ch02\junxun.jpg">

② 相对路径：是以当前文档所在的路径和子目录为起始目录，进行相对于文档查找，网页中插入图像通常采用相对路径。具体写法和含义如表 2.2.1 所示。

表 2.2.1　图像相对路径应用实例

相　对　路　径	描　　　述
<img src="logo.gif">	图像和网页在同一目录下
<img src="image/logo.gif">	图像在网页下一层目录 image 下
<img src="../logo.gif">	图像在网页的上一层目录下
<img src="/logo.gif">	图像在根目录下

③ 网络路径，即网址，指的是图像保存在 WWW 网络某个网址的服务器中。例如：<img src="http://www.tjbp.com/img/logo.gif">

【课堂练习 2.2.2】给网页插入图片，设置图片大小 426×254 像素，替换文本为"宁静的星空图片"，效果如图 2.2.3 所示。

HTML 程序代码：

```
<img  src="宁静的星空 win7.jpg" alt="宁静的星空图片" width="426" height="254" />
```

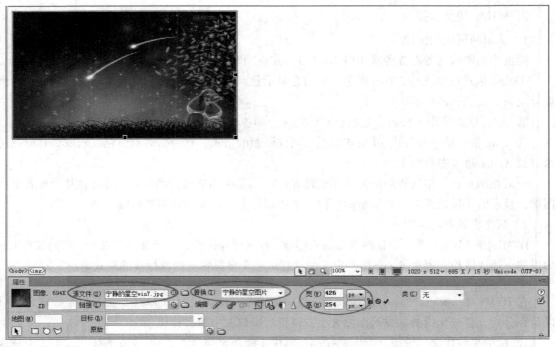

图 2.2.3　设置图片属性

3．HTML 超链接

1）超链接定义

超链接是构成网站的关键技术，它将各个独立的网页链接在一起，构成一个真正的网站。它可以实现从一个网页指向一个目标网页。这个目标网页可以是一个位置、一个图片、一个电子邮件地址、一个文件，甚至一个应用程序。根据目标网页的不同，超链接可以分为页面超链接、锚点超链接、电子邮件超链接以及 URL 超链接。

2）超链接应用

（1）页面内超链接

页面内超链接是通过锚点实现的。在实现锚点链接之前，需要先在页面内需要链接的目标处创建锚点。创建锚点的语法格式如下：

```
<a name="锚记名称"></a>
```

其中，锚记名称可以是数字、英文字母或两者混合。同一个页面中可以有多个锚记，但名称不能相同。

链接到锚点语法格式：

```
<a href="锚记名称"></a>
```

（2）电子邮件超链接

当用户单击电子邮件超链接时，可以使网页浏览者将有关信息以电子邮件的形式发送到电子邮件的接收者。电子邮件链接的格式为：

```
<a href="mailto:E-mali 地址">链接文本</a>
```

例如：<a href="mailto:jsjwl@126.com">

（3）页面间超链接

页面间超链接通常指的是在同一网站下各个页面之间的链接，页面间链接的语法格式为：

```
<a href="目标网页路径"  target="窗口名称">链接文字</a>
```

target 属性设定链接被单击后所要打开窗口的方式，有以下 4 种方式：

- _blank：在空白新窗口中打开链接目标网页。
- _self：默认，在当前窗口中打开链接目标网页。
- _parent：在父框架中打开链接目标网页。
- _top：在整个窗口中打开链接目标网页。

href 属性定义了链接所指的目标地址，也就是路径。目标网页路径尽量采用相对路径。如果创建的是空链接，则 href="#"。通常，根据目标文件和当前文件的目录关系，有以下 4 种写法。

① 链接到同一目录内的网页文件，格式为：

```
<a href="目标文件名.html">链接文本</a>
```

例如：`<a href="xxgcx.html"></a>`

② 链接到下一级目录中的网页文件，格式为：

```
<a href="子目录名/目标文件名.html">链接文本</a>
```

例如：`<a href="xibu/xxgcx.html"></a>`

③ 链接到上一级目录中的网页文件，格式为：

```
<a href=../目标文件名.html>链接文本</a>
```

例如：`<a href=".. /xxgcx.html"></a>`

④ 链接到同级目录中的网页文件，格式为：

```
<a href="../子目录名/目标文件名.html">链接文本</a>
```

例如：`<a href="../xibu/xxgcx.html"></a>`

（4）下载文件链接

网页中的文件下载也是通过超链接实现的。如果超链接指向的不是网页文件，而是如 .zip、.rar、.exe、.mp3 等文件，单击链接就会下载相应的链接文件。下载文件链接的格式为：

```
<a href="下载文件路径">链接文本</a>
```

例如：`<a href="资料.rar">下载资料</a>`

【课堂练习 2.2.3】给网页中文本添加链接，效果如图 2.2.4 所示。

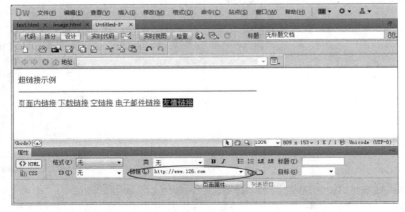

图 2.2.4　链接效果

HTML 程序代码：

```
<hr  color="#999999" width="500px" align="left" noshade>
    <a href="#">页面内链接</a>  <a href="zixun.rar">下载链接</a>  <a href="#">
空链接</a> <a href="mailto:ss@123.com">电子邮件链接</a>  <a href="http://www.
126.com">友情链接</a>
```

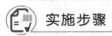 **实施步骤**

新建一个 Word 文档，按图 2.2.5 所示编辑文本，网页编辑与 Word 编辑相似，都是先分段落，然后逐段编辑。

图 2.2.5　Word 编辑文本效果

步骤 1：启动 Dreamweaver，单击菜单"文件"→"新建"命令，新建一个网页，将文件夹"项目二/素材/2.2.txt"的文字复制到新建的网页文档中，如图 2.2.6 所示。

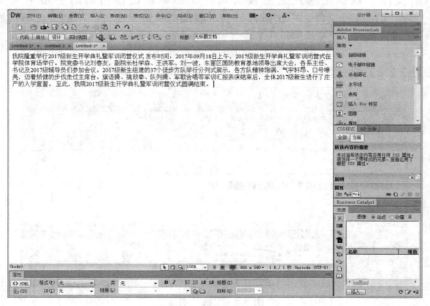

图 2.2.6　新建文本网页

步骤 2：根据效果图 2.2.1 所示，创建文本段落效果。在设计视图中使用【Enter】键将文本分段，代码视图中自动生成<p>...<p>标签，如图 2.2.7 所示。

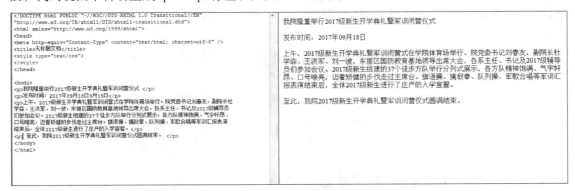

图 2.2.7 调整段落标签

步骤 3：添加标题标签。选中第一行文本，在"属性"面板中的"格式"项中选择"标题 2"，如图 2.2.8 所示，代码中设置文本居中。

图 2.2.8 添加标题标签

步骤 4：插入水平线。将光标定位在要插入水平线的位置上，单击菜单"插入"→"HTML"→"水平线"命令；或者单击"插入"面板→"常用"→"水平线"按钮，如图 2.2.9 所示。选中该水平线，在图 2.2.10 所示的属性面板中设置水平线属性，宽 600 px，高 10 px，左对齐，没有阴影效果。

图 2.2.9 插入水平线

图 2.2.10 设置水平线属性

步骤 5：插入和编辑图片。将光标定位在 HTML 文档中要插入图像的位置，单击菜单"插入"→"图像"命令，或者单击"插入"面板→"常用"→"图像"按钮，弹出"选择图像源文件"对话框，如图 2.2.11 所示，选择要插入的图片并插入。设置图片属性，270×184 px，如效果图 2.2.1 所示。

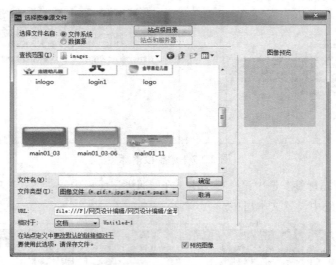

图 2.2.11　"选择图像源文件"对话框

HTML 程序代码：

```
<html>
<head>
<title>新闻网页</title>
</head>
<body>
<h2 align="center" >我院隆重举行 2017 级新生开学典礼暨军训闭营仪式 </h2>
<p align="center"  >发布时间 2017 年 09 月 18 日</p>
<hr>
<p>上午，2017 级新生开学典礼暨军训闭营式在学院体育场举行。院党委书记刘春友，副院长杜
学森、王洪军、刘一波，东丽区国防教育基地领导出席大会，各系主任、书记及 2017 级辅导员们参加
会议。</p>
<p>2017 级新生组建的 37 个徒步方队举行分列式展示，各方队精神饱满、气宇轩昂、口号嘹亮，
迈着矫健的步伐走过旗语操、擒敌拳、队列操、军歌合唱等军训汇报表演结束后，全体 2017 级新生进
行了庄严的入学宣誓。</p>
<p > 至此，我院 2017 级新生开学典礼暨军训闭营仪式圆满结束。</p>
<p > <img  src="image/tu.jpg" width="270" height="213"></p>
</body>
</html>
```

任务 2.3　列　　表

任务介绍

使用列表标签制作天津滨海职业学院的系部页面，采用分级目录方式显示，如图 2.3.1 所示。

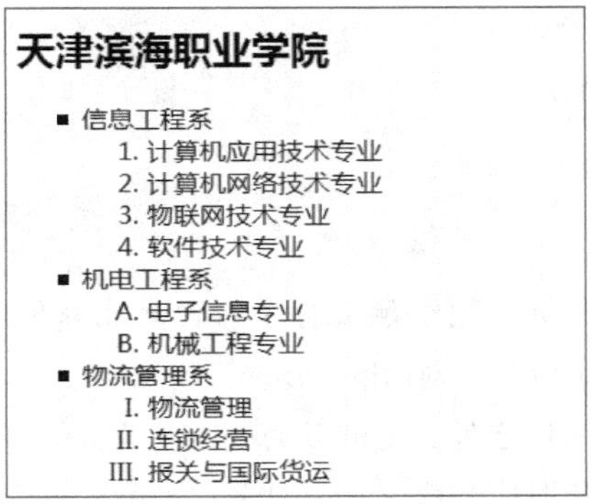

图 2.3.1 列表网页

任务分析

HTML 列表标签的应用使网页排列有序、条例清晰。HTML 提供了 3 种常用的列表：无序列表、有序列表和定义列表。在完成本任务过程中掌握列表的格式和应用。

相关知识

在网页中大部分信息都是通过列表形式显示的，如信息分类、新闻列表、菜单、排行榜等，列表可以使文本内容更加清晰、明了、工整直观。

1．无序列表 ul

无序列表的各个列表项之间没有顺序级别之分，是并列的。其基本语法格式如下：

```
<ul  type=属性值>
 <li>列表项 1</li>
  <li>列表项 2</li>
  <li>列表项 3</li>...
</ul>
```

表 2.3.1 无序列表符号

type 属性值	显示效果
disc（默认值）	●
circle	○
square	■

在上面的语法中，<ul></ul>标记用于定义无序列表，<li></li>标记嵌套在<ul></ul>标记中，用于描述具体的列表项，每对<ul></ul>中至少应包含一对<li></li>。

无序列表中 type 属性的常用值有 3 个，它们呈现的效果不同，具体如表 2.3.1 所示。

说明

- 不赞成使用无序列表的 type 属性，一般通过 CSS 样式属性替代。
- <li>与</li>之间相当于一个容器，可以容纳所有元素。但是<ul></ul>中只能嵌套<li></li>，直接在<ul></ul>标记中输入文字的做法是不允许的。

2．有序列表 ol

有序列表即为有排列顺序的列表，其各个列表项按照一定的顺序排列定义。有序列表的基本语法格式如下：

```
<ol>
    <li>列表项 1</li>
    <li>列表项 2</li>
    <li>列表项 3</li>
...
</ol>
```

在上面的语法中，<ol></ol>标记用于定义有序列表，<li></li>为具体的列表项，和无序列表类似，每对<ol></ol>中也至少应包含一对<li></li>。

在有序列表中，除了 type 属性之外，还可以为<ol>定义 start 属性、为<li>定义 value 属性，它们决定有序列表的项目符号，其取值和含义如表 2.3.2 所示。

表 2.3.2　有序列表符号

属性	属 性 值	描　　　述
type	1（默认）	项目符号显示为数字 1，2，3，…
	a 或 A	项目符号显示为英文字母 a，b，c，d，…或 A，B，C，…
	i 或 I	项目符号显示为罗马数字 i，ii，iii，…或 I，II，III，…
start	数字	规定项目符号的起始值
value	数字	规定项目符号的数字

ℹ️ 说明

- 各浏览器对有序列表的 type 和 value 属性的解析不同。
- 不赞成使用<ol><li>的 type、start 和 value 属性，可通过 CSS 样式替代。

3. 定义列表 dl

定义列表常用于对术语或名词进行解释和描述，定义列表的列表项前没有任何项目符号。其基本语法如下：

```
<dl>
    <dt>名词 1</dt>
    <dd>名词 1 解释 1</dd>
    <dd>名词 1 解释 2</dd>
    ...
    <dt>名词 2</dt>
    <dd>名词 2 解释 1</dd>
    <dd>名词 2 解释 2</dd>
    ...
</dl>
```

在上面的语法中，<dl></dl>标记用于指定定义列表，<dt></dt>和<dd></dd>并列嵌套于<dl></dl>中。其中，<dt></dt>标记用于指定术语名词，<dd></dd>标记用于对名词进行解释和描述。一对<dt></dt>可以对应多对<dd></dd>，即可以对一个名词进行多项解释。

4. 列表的嵌套应用

在使用列表时，列表项中可能包含若干子列表项。要想在列表项中定义子列表项就需要将列表进行嵌套。

实施步骤

步骤 1：启动 Dreamweaver，单击菜单"文件"→"新建"命令，新建一个网页。

步骤 2：打开"项目二/素材/2.3.txt"，将文本复制到网页中，如图 2.3.2 所示，将
强制换行改成<p>段落。

```
<body>
信息工程系<br />
计算机应用技术专业<br />
计算机网络技术专业<br />
物联网技术专业<br />
软件技术专业<br />
机电工程系<br />
电子信息专业<br />
机械工程专业<br />
物流管理系<br />
连锁经营<br />
报关与国际货运
```

```
<body>
<p>信息工程系 计算机应用技术专业</p>
<p>计算机网络技术专业</p>
<p>物联网技术专业</p>
<p>软件技术专业</p>
<p>机电工程系 电子信息专业</p>
<p>机械工程专业</p>
<p>物流管理系</p>
<p>连锁经营</p>
<p>报关与国际货运</p>
</body>
```

图 2.3.2 复制文本

注意

现在代码视图下的换行是由
生成的，改成<p>标签。

步骤 3：添加项目列表。选中所有文字，单击"属性"面板→"项目列表"按钮，为文本添加列表。

步骤 4：制作二级目录。选中专业文本，单击"属性"面板→"内缩区块"按钮，进行缩进，形成二级目录，进入代码视图，根据列表类型修改 type 属性，效果如图 2.3.1 所示。

HTML 程序代码：

```html
<ul type="square">
  <li>信息工程系
    <ol>
      <li>计算机应用技术专业</li>
      <li>计算机网络技术专业</li>
      <li>物联网技术专业</li>
      <li>软件技术专业</li>
    </ol>
  </li>
  <li>机电工程系
    <ol type="A">
      <li>电子信息专业</li>
      <li>机械工程专业</li>
    </ol>
  </li>
  <li>物流管理系
    <ol type="I">
      <li>物流管理</li>
      <li>连锁经营</li>
      <li>报关与国际货运</li>
    </ol>
  </li>
</ul>
```

任务 2.4　表　　格

 任务介绍

将任务 2.3 网页进行改版，如图 2.4.1 所示，使用表格的方式排版。

天津滨海职业学院	
信息工程系	计算机应用技术专业
	计算机网络技术专业
	物联网技术专业
	软件技术专业
机电工程系	电子信息专业
	机械工程专业
物流管理系	物流管理
	连锁经营
	报关与国际货运

图 2.4.1　表格示例页面

 任务分析

HTML 表格的应用可以清晰地显示页面中的数据或信息，也可以对网页布局进行规划。HTML 提供了一系列的表格标签。在完成本任务过程中掌握在网页中创建表格、选择表格和单元格以及设置表格和单元格属性的方法，掌握拆分与合并单元格以及在表格中添加或删除行与列的方法。

相关知识

表格由 <table> 标签来定义。每个表格均有若干行（由 <tr> 标签定义），每行被分割为若干单元格（由 <td> 标签定义）。字母 td 指表格数据（table data），即数据单元格的内容。数据单元格可以包含文本、图片、列表、段落、表单、水平线、表格等。

1．创建表格

创建表格的基本语法格式如下：

```
<table>
  <tr>
    <td>单元格内的文字</td>
    …
  </tr>
…
</table>
```

在上面标记总包含 3 对 HTML 标记，分别为<table></table>、<tr></tr>、<td></td>,它们是创建表格的基本标记，下面分别解释。

<table></table>：用于定义一个表格。

<tr></tr>：用于定义表格中的一行。一个<table>中包含几组<tr></tr>，就表示该表格有几行。

<td></td>：用于定义表格中的单元格。一个<tr>中有几组<td></td>，就表示该行有几列。单元格中可以容纳所有的元素，包括文本、图像、动画、表格、表单等，但<tr>只能包含<td>。

【**课堂练习 2.4.1**】创建了一个 2 行 3 列的表格,宽度为 300 px，边框宽度为 2 px。

HTML 程序代码:

```
<table width="300" border="2">
  <tr>
    <td> </td>
    <td> </td>
    <td> </td>
  </tr>
  <tr>
    <td> </td>
    <td> </td>
    <td> </td>
  </tr>
</table>
```

2．标签属性

1）<table>标签属性

HTML 为表格提供了一系列的属性，用于设置表格的样式，对表格进行修饰，具体如表 2.4.1 所示。

表 2.4.1　<table>标记常用属性

属性名	属 性 含 义
width	设置表格的宽度，包括像素和百分比两种单位，默认为像素
height	设置表格的高度，包括像素和百分比两种单位，默认为像素
bgcolor	设置表格的背景颜色
background	设置表格的背景图像
border	设置边框的宽度。以像素为单位。如果设置为 0，表格则是隐藏的
cellpadding	设置表格单元格边距，即内容与单元格边框的距离，默认为 2 个像素
cellspacing	设置单元格与单元格之间的距离，默认为 2 个像素
align	设置表格在页面的水平对齐方式

【课堂练习 2.4.2】制作一个课表，添加背景色 bgcolor="pink"，文本居中，效果如图 2.4.2 所示。

图 2.4.2　表格预览效果

HTML 程序代码:

```
<table width="300" border="5" bgcolor="pink" cellpadding=20 cellspacing=10>
  <tr>
    <td>数学</td>
    <td>语文</td>
```

```
        <td>英语</td>
      </tr>
      <tr>
        <td>90</td>
        <td>85</td>
        <td>95</td>
      </tr>
    </table>
```

2）<tr>标签属性

<table>标记可以控制表格的整体显示样式，但在制作网页时，有时需要对表格中的某一行特殊显示，这时需要为<tr>定义属性，常用属性如表 2.4.2 所示。

表 2.4.2   <tr>标记常用属性

属性名	属 性 含 义
height	设置行高度
bgcolor	设置行的背景颜色
background	设置行的背景图像
align	设置一行内容的水平对齐方式
valign	设置一行内容的垂直对齐方式

<tr>大部分属性与<table>标记属性相同，用法类似。

3）<td>标签属性

在应用表格进行网页设计时，常常需要对某个或某些单元格进行控制，这就需要定义<td>的属性，常用<td>属性如表 2.4.3 所示。

表 2.4.3   <td>标记常用属性

属性名	属 性 含 义
width	设置单元格的宽度，常以像素为单位
height	设置单元格的高度，常以像素为单位
bgcolor	设置单元格的背景颜色
background	设置单元格的背景图像
align	设置单元格的水平对齐方式
valign	设置单元格的垂直对齐方式
colspan	用于设置跨列合并单元格的个数
rowspan	用于设置跨行合并单元格的个数

<td>的大部分属性与<table>相同，用法也类似。

在<td>中，colspan 和 rowspan 属性用于建立不规则表格，不规则表格即单元格的个数不等于行数乘以列数的数值。在实际应用中经常会用到不规则表格，需要把多个单元格跨行或跨列进行合并。跨行指的是单元格在垂直方向上合并，用 rowspan 可实现单元格的跨行合并，跨列合并指的是单元格在水平方向上合并，用 colspan 实现单元格的跨列合并。

ℹ️ **注意**

合并后的单元格属于上一行中的单元格。

✍ 【课堂练习 2.4.3】对单元格进行拆分、合并，效果如图 2.4.3 所示。

图 2.4.3　合并单元格

HTML 程序代码如下：

```
<table width="200" border="1">
  <tr>
    <td colspan="2">跨列合并</td>
  </tr>
  <tr>
    <td width="100" > </td>
    <td width="100" rowspan="2">跨行合并</td>
  </tr>
  <tr>
    <td> </td>
  </tr>
</table>
```

📝 **实施步骤**

步骤 1： 启动 Dreamweaver，单击菜单"文件"→"新建"命令，新建一个网页。

步骤 2： 在设计视图中定位，插入一个 3 行 2 列的表格，边框为 5 px。

步骤 3： 根据效果图 2.4.1 所示，对表格右列分别进行拆分。

HTML 程序代码：

```
<h2>天津滨海职业学院</h2>
<table width="486" border="5">
    <tr>
      <td width="170" rowspan="4">信息工程系 </td>
      <td width="300">计算机应用技术专业</td>
    </tr>
    <tr>
      <td>计算机网络技术专业</td>
    </tr>
    <tr>
      <td>物联网技术专业</td>
    </tr>
    <tr>
      <td>软件技术专业</td>
    </tr>
    <tr>
      <td rowspan="2">机电工程系 </td>
```

```
    <td>电子信息专业</td>
   </tr>
   <tr>
    <td>机械工程专业</td>
   </tr>
   <tr>
    <td rowspan="3">物流管理系 </td>
    <td>物流管理</td>
   </tr>
   <tr>
    <td>连锁经营</td>
   </tr>
   <tr>
    <td>报关与国际货运</td>
   </tr>
  </table>
```

提示：表格的表头使用 <th> 标签进行定义。大多数浏览器会把表头显示为粗体居中的文本。

任务 2.5　表单在网页中的应用

任务介绍

使用表单标签制作图 2.5.1 所示的用户注册网页，应用 input、select 等表单元素。

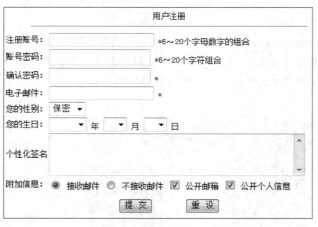

图 2.5.1　表单网页

任务分析

　　表单在互联网上随处可见，用于实现用户与服务器的沟通，主要功能是收集用户信息，并将这些信息传递给后台服务器，从而实现用户与服务器的交互性操作。在完成本任务过程中掌握与表单相关的 HTML 标签，能够根据要求在网页中插入表单标签，能够制作常见的注册、登录等前台网页。

相关知识

1. 表单标签

表单中包含表单元素，表单元素允许用户在表单域输入信息。在网页中使用<form>标签创建表单，<form>标签是成对出现的，其语法格式如下：

```
<form name="表单名" action="URL" method="get|post">
...
</form>
```

<form>标签常用属性的含义如下：

- name 属性：给定表单名称，表单命名后可以用脚本语言（JavaScript 或 VBScript）对它进行控制。
- action 属性：指定处理表单信息的服务器端应用程序。
- method 属性：用于指定表单处理数据方法，其值可以是为 get 或 post，默认为 get。

2. 表单元素

表单中包含一个或多个元素，例如文本域、下拉列表、单选框、复选框等。所有浏览器都支持 <form> 标签。

1）<input>元素

input 表示 form 表单中的一种输入对象，其又随 Type 类型的不同而分文本输入框、密码输入框、单选按钮、复选框、提交/重置按钮等。<input>元素的基本语法及格式为：

```
<input type="表项类型" name="表项名称" value="默认值" size="x" maxlength="y"/>
```

<input>元素常用属性和含义如下：

- name 属性：属性的值是相应程序中的变量名。
- size 属性：该属性的值用来设置文本框可显示的最大字符数。
- maxlength 属性：设置单行文本框可以输入的最大字符数，其值可以超过 size 的值。
- readonly 属性：设置输入字段为只读。
- autofocus 属性：设置输入字符在没加载时是否获得焦点（不适用于 type="hidden"）。
- disabled 属性：input 元素加载时禁用此元素（不适用于 type="hidden"）。
- checked 属性：input 元素首次加载时被选中（适用于 type="checkbox"或 type="radio"）
- type 属性：指定 input 元素的类型，主要有以下类型：text、submit、reset、password、checkbox、radio、image、hidden 和 file。下面分别介绍：

（1）单行文本框 type="text"

当 type 属性值为 text 时，表示该元素是单行文本框，其输入项的输入信息是字符串。单行文本框格式为：

```
<input type="text" name="文本框名">
```

（2）密码输入框 type="password"

当 type 属性值为 password 时，表示该元素是单行文本框，但用户在输入内容时，是用"*"代替其输入的信息，以保证密码的安全性。密码框格式为：

```
<input type="password" name="密码框名">
```

（3）按钮

表单中的按钮有 4 种，分别是提交按钮、普通按钮、重置按钮和图片按钮。

① 提交按钮 type="submit"，使用提交按钮可以将填写在文本框中的内容发送到服务器。提交按钮的格式为：

```
<input type="submit"  name="按钮名"  value="按钮上文字">
```

value 的默认值为"提交"，在一个表单中必须有提交按钮，否则将无法向服务器传送信息。

② 普通按钮 type="button"，用于制作一个触发事件的按钮，普通按钮的格式为：

```
<input type="button"  name="按钮名"  value="按钮上文字">
```

③ 重置按钮 type="reset"，使用重置按钮可以将表单中输入框中的内容返回到初始值，重置按钮的格式为：

```
<input type="reset"  name="按钮名"  value="按钮上文字">
```

value 的默认值为"重置"。

④ 图片按钮 type="image"，如果想制作一个美观的图片按钮，则把 type="image"，图片按钮的格式为：

```
<input type="image"  name="按钮名"  src="图片来源">
```

【课堂练习 2.5.1】制作登录页面，使用不同类型表单按钮，效果如图 2.5.2 所示。

图 2.5.2　登录页面

HTML 程序代码：

```
<form id="form1" name="form1" method="post" action="">
  用户名<input name="username" type="text" size="18" />  <br /> <br />
密    码
<input name="mima" type="password" size="19" maxlength="8"/><br /><br />
<input type="submit" name="denglu"  value="提交" />
<input type="reset" name="chongzhi"  value="重置" />
<input type="button" name="zhece"  value="注册" />
</form>
```

（4）复选框 type="checkbox"

复选按钮允许用户从选择列表中选择一个或多个选项，复选框的格式为：

```
<input type="checkbox"  name="复选框名"  value="提交值" checked="checked">
```

其中，value 属性可设置复选框的提交值，checked 属性表示是否为默认选中项，name 属性是复选框的名称，同一组复选框的名称一般是一样的。

【课堂练习 2.5.2】在表单中加入复选框按钮，其中，"读书"和"音乐"设置自动选中，效果如图 2.5.3 所示。

个人爱好：☐ 游泳 ☑ 读书 ☑ 音乐 ☐ 旅游

图 2.5.3　复选框

HTML 程序代码：

```
<form id="form2" name="form2" method="post" action="">
```

```
个人爱好:
<input name="aihao" type="checkbox" value="youyong" /> 游泳
<input name="aihao" type="checkbox" value="dushu" checked="checked" />
读书
<input name="aihao" type="checkbox" value="yinyue" checked="checked" />
音乐
<input name="aihao" type="checkbox" value="lvyou" /> 旅游
</form>
```

（5）单选按钮 type="radio"

单选按钮允许用户从选择列表中选择一个单选项，单选按钮的格式为：

`<input type="radio" name="单选按钮名" value="提交值" checked="checked">`

其中，value属性可设置单选按钮的提交值，checked属性表示是否为默认选项，name属性是单选按钮的名称，同一组单选按钮的名称必须是一样的。

【课堂练习2.5.3】在表单中加入单选按钮，性别"女"自动选中，效果如图2.5.4所示。

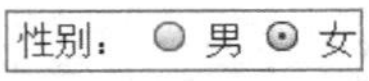

性别： ○ 男 ⊙ 女

图 2.5.4　单选框

HTML程序代码：

```
<form id="form2" name="form2" method="post" action="">性别:
<input type="radio" name="sex" value="男" /> 男
<input type="radio" name="sex" value="女" checked="checked" /> 女
</form>
```

（6）文件域 type="file"

在网页中经常要进行上传文件的操作，从客户端把文件上传到服务器端。表单中的文件域可以实现选择文件的功能，它会在页面中创建一个不能输入内容的地址文本框和一个"浏览"按钮。文件域的格式为：

`<input type="file" name="文件域名" >`

【课堂练习2.5.4】使用文件域制作一个上传文件的表单，效果如图2.5.5所示。

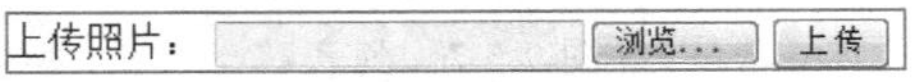

上传照片：　　　　　　　　　浏览... 上传

图 2.5.5　文件域

HTML程序代码：

```
<form name="form2" method="post" action="" enctype="multipart/form-data">
上传照片: <input type="file" name="files"/>
<input type="submit" name="upload" value="上传" />
</form>
```

2）下拉菜单或列表框<select>元素

浏览网页时，经常会看到包含多个选项的下拉菜单，下拉菜单可以使用户选择其中的一个选项。在HTML中，下拉菜单的基本语法格式如下：

`<select size="列表项高度" name="列表名称" multiple="multiple">`
`<option value="可选择的内容" selected="selected">选项内容1</option>`
`<option value="可选择的内容" selected="selected">选项内容2</option>`
`<option value="可选择的内容" selected="selected">选项内容3</option>`

```
......
</select>
```

（1）<select>标签各个属性的含义

- size：可选项，用于改变下拉框的高度大小，其值为数字。当它的值为 1 时，表示该列表为下拉菜单；当它的值大于 1 时，表示该列表为列表框，如果 size 的值小于列表项的项数，则浏览器会为该类表添加滚动条，用户可以使用滚动条来查看所有的选项。默认值为 1。
- name：设定列表框的名称。
- multiple：加上此项，表示允许用户从列表中选择多项。

【课堂练习 2.5.5】在表单中添加下拉菜单，效果如图 2.5.6 所示。

图 2.5.6　下拉菜单

HTML 程序代码：

```
<form id="form1" name="form1" method="post" action="">
选择学历
    <select name="下拉菜单" size="1" >
      <option selected="selected">大专</option>
      <option>大本</option>
      <option>硕士研究生</option>
      <option>博士研究生</option>
    </select>
</form>
```

【课堂练习 2.5.6】在表单中添加列表项，效果如图 2.5.7 所示。

图 2.5.7　列表

HTML 程序代码：

```
<form id="form1" name="form1" method="post" action="">
    选择选修课
    <select name="列表框" size="5" multiple="multiple" >
      <option>人工智能</option>
      <option>大数据</option>
      <option selected="selected">数据挖掘</option>
      <option>应用密码学基础</option>
      <option>信息对抗</option>
    </select>
</form>
```

（2）<option>标签各个属性的含义

<option>标签必须嵌套在<select>标签中使用。一个列表中有多个选项，每个选项内容都包含在一组<option></option>中。

- selected：表示该选项在初始状态为选中状态，以图2.5.6和图2.5.7为例。"大专"和"数据挖掘"分别被选中。
- value：用于设置该选项被选中后提交给服务器的值。

3）多行文本域<textarea>

在表单中如果需要输入大量的信息，单行文本框就不再适用。为此，HTML提供了<textarea></textarea>标记，通过<textarea></textarea>可以创建多行文本框。多行文本域的基本语法格式如下：

```
<textarea cols="每行中的字符数"  rows="显示的行数">
文本内容
</textarea>
```

在上面的语法格式中，cols和rows为<textarea>标记的必需属性，其中，cols用来定义多行文本框中每行的字符数，rows用来定义多行文本框输入的行数。它们的取值均为整数。

【课堂练习2.5.7】在表单中添加文件域，效果如图2.5.8所示。

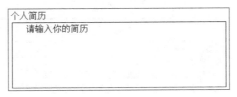

图2.5.8　文件域

其对应的代码片段如下：

```
<form id="form1" name="form1" method="post" action="">
个人简历<br />
    <textarea name="textarea2" id="textarea2" cols="45" rows="6">
    请输入你的简历
    </textarea>
</form>
```

实施步骤

步骤1：插入表单。启动Dreamweaver，单击菜单"文件"→"新建"命令，新建一个网页，在设计视图中定位，单击"插入"面板→"表单"→"表单"按钮，如图2.5.9所示。

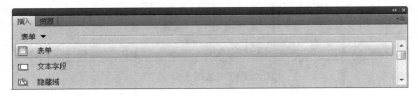

图2.5.9　添加表单

步骤2：插入表格。定位表单内部，单击"插入"面板→"常用"→"表格"按钮，弹出"表格"对话框，输入行列、大小、边框等，设置如图2.5.10所示，单击"确定"按钮，表格居中。

步骤3：输入文本。将表格第一行两个单元格合并，并输入"用户注册"；在第二行左侧单元格内输入如图2.5.11所示的文本，并设置右对齐。

图 2.5.10 插入表格

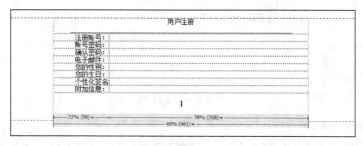

图 2.5.11 输入文本

步骤 4：输入表单元素。定位表格右侧单元格，如图 2.5.12 所示，插入表单元素，左对齐。

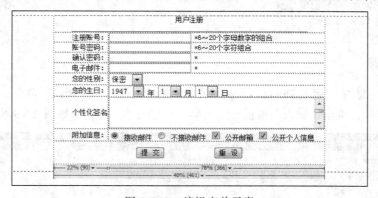

图 2.5.12 编辑表单元素

HTML 程序代码：

```
<HTML>
<HEAD>
<TITLE>用表单实现交互功能</TITLE>
<META HTTP-EQUIV="Content-Type" CONTENT="text/html; charset=gb2312">
</HEAD>
<BODY>
```

```
<FORM ACTION="" METHOD=post NAME='reguser'  onSubmit='return checkform();'>
  <table width=40% border="0" align=center cellpadding=1 cellspacing=0 >

    <tr>
     <td height=25 colspan=2 align="center" >用户注册
     <hr width="400" size="1"></td>
    </tr>
    <tr>
     <td width=22% align="right" valign=middle nowrap > 注册账号: </td>
     <td width=78% ><input name='username' type=text  value='' size=20
maxlength=14>
        <font color=red>*</font>6～20 个字母数字的组合</td>
    </tr>
    <tr>
     <td align="right" valign=middle > 账号密码: </td>
     <td ><input name=password type=password  size=20 maxlength=75>
       <font color=red>*</font>6～20 个字符组合</td>
    </tr>
    <tr>
     <td align="right" valign=middle > 确认密码: </td>
     <td ><input name='repassword'  type=password  size=20 maxlength=75>
     <font color=red>*</font></td>
    </tr>
    <tr>
     <td align="right" valign=middle > 电子邮件: </td>
     <td ><input name=email type=text   value='' size=20 maxlength=75>
     <font color=red>*</font></td>
    </tr>
    <!---->
    <tr>
     <td align="right" > 您的性别: </td>
     <td><select name=regsex>
        <option value=1>男</option>
        <option value=2>女</option>
        <option value=none selected>保密</option>
      </select></td>
    </tr>
    <tr>
      <td align="right"> 您的生日: </td>
    <td><select name=regbirthyear>
        <option value=''></option>
        <option value=1947>1947</option>
        <option value=1948>1948</option>
        <option value=1949>1949</option>
      </select>
      年
      <select name=regbirthmonth>
      <option value=''></option>
      <option value=1>1</option>
```

```
                <option value=2>2</option>
                </select>
            月
            <select name=regbirthday>
                <option value=''></option>
                <option value=1>1</option>
                <option value=2>2</option>
            </select>
            日</td>    </tr>
        <tr>
         <td align="right" valign=middle class='f_one'>个性化签名<br></td>
         <td ><textarea cols=50 name='regsign' rows='4'></textarea></td>
        </tr>
        <tr>
         <td align="right" class='f_one'> 附加信息: </td>
         <td ><input type=radio name='revmail' value='1' checked>
            接收邮件
            <input type=radio name='revmail' value='2'>
            不接收邮件
            <input name='sharemail' type=checkbox id="sharemail" value='yes'
checked>
            <font color='#000000'>公开邮箱 </font>
            <!---->
            <input name='shareinfo' type=checkbox id="shareinfo" value='yes'
checked>
            公开个人信息</td>
        </tr>
        <tr>
         <td height="41" colspan="2" align="center" ><input type='submit'
name='regsubmit' value='提 交'>
                  
            <input name='reset' type='reset' id="reset" value='重 设'></td>
        </tr>
        <!---->
      </table>
      <br>
   </form>
   </body>
   </html>
```

项目总结

本项目主要介绍了 HTML 常用标签，包括文本、图像、超链接以及列表、表格和表单的语法格式和用法，通过本项目的学习，学生应该能够达到以下目标：

- 能够在网页编辑器中应用 html 标签创建简单网页。
- 能够通过 html 标签编辑网页。
- 掌握常用 html 标签语法格式及属性含义。

课 后 练 习

制作一个招聘会公告网页，如下图所示，利用所学的知识完成课后习题，注意文本格式调整。

天津滨海职业学院2018届毕业生春季（4月）网上招聘会公告

文章来源：发布时间：2018年03月12日 点击数：2489 次 字体：小 大

一、时间：2018年4月18日

二、形式：同时将各参会企业的招聘简章公布于我院网络招聘平台，并组织未就业应届毕业生浏览信息，自主联系企业。

三、企业报名参加招聘会须具备以下条件：

   1. 招聘岗位需求符合我院专业培养方向
   2. 注册资金在50万元（含）以上
   3. 能按要求提供参加招聘会所需材料，营业执照副本、组织机构代码证（照片格式）、招聘简章（Word文档）。

四、报名：

   1. 请先下载报名登记表，填写完整后连同营业执照副本、组织机构代码证（照片格式）、招聘简章（招聘简章中应包括企业简介、招聘职位、薪资福利、学生应聘报名邮箱、联系电话）以压缩包形式发到bhjyzd@163.com，邮件主题为"单位简称+参加网上招聘会"。
   2. 说明：我们将根据学院专业设置和毕业生的就业情况统筹安排符合条件的企业参加网上招聘。
   3. 报名时间：2018年3月12日--4月12日

点击此处下载报名表

招聘会公告

项目三 网页布局

项目导读

制作网页就像盖房子一样，盖之前首先要进行房型设计，是两室一厅，还是三室一厅，然后把有限的面积进行区块划分。网页布局即把网页的可视面进行区块划分，划分标准一般以不出现水平滚动条为准。本项目主要学习如何利用 CSS 样式控制 HTML 标签的位置，显示方式和大小等用来布局的方式。

知识目标

- 了解网页布局的基本概念。
- 掌握 CSS 基本语法。
- 掌握盒子模型的基本概念。
- 掌握浮动布局的基本原理。
- 掌握定位布局的基本原理。
- 了解弹性布局的方式。

能力目标

- 具备应用 CSS 样式设计网页元素布局的能力。
- 能够根据需要编写系统的代码进行页面布局。

重点与难点

- 掌握浮动布局的基本原理。
- 掌握定位布局的基本原理。

任务 3.1   使用 CSS 样式表给网页排版

任务介绍

在任务 2.2 中，使用 HTML 完成了网页的主体结构，承接任务 2.2 的"新闻网页"，使用 CSS 层叠样式表对网页中的图文颜色、大小、位置进行设置，效果如图 3.1.1 所示。

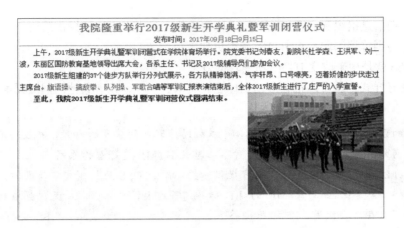

图 3.1.1　简单文字网页

 任务分析

文字格式样式可以使用 HTML 标签属性修饰，但是 HTML 标签属性不能修改文字颜色，本任务使用 CSS 样式逐步为网页添加样式效果。在完成本任务过程中掌握 CSS 样式代码的编写格式，掌握 CSS 几种标签选择器的用法。

 相关知识

1. 认识 CSS

1）CSS 定义

CSS 是层叠样式表（Cascading Style Sheet）的简称，它提供了对网页布局和设计的创造性控制。

2）CSS 的作用

CSS 将网页设计样式的过程变得简单而高效。只需修改 CSS 样式表文件就可以改变整个站点的风格，对于较大的网站非常有用。

- CSS 样式表提供了比 HTML 多得多的格式化选择。
- 可以通过引人注目的标题、下标字母及边框来装饰文本。
- 可以精确地排列图片，创建列和横幅。
- 使用动态翻转效果可以高亮突出显示文本链接。
- 使用 CSS 样式表，可以简化网页代码，减少代码上传的数量。而使用 HTML 时，则需要更多的代码才能获得几乎相同的视觉效果。
- 浏览器会在缓存中保存第一次下载的外部样式表，以便重复使用，大大加快了网页的下载和显示速度。

3）CSS 与 HTML 的区别

CSS 样式只是一种规则，它描述了对网页的特定部分如何设定格式。样式表就是这样一组预先设计好的样式。

CSS 与 HTML 共同起作用，但 CSS 不是 HTML：

- HTML 把信息组织到标题、段落、无序列表等元素中，给文档提供结构。
- CSS 则与浏览器一起，将 HTML 变得更加美观。

因此，CSS 就是用来改变 HTML 所展现的效果。

一旦创建好样式，就可以把它应用到标题、文本、图片，或者其他的网页元素上了。

ⓘ 注意

一个好的设计强化了网站上的信息，可以帮助访客找到需要的内容，并且决定了其他人如何看到你的网站。这就是网页设计师要费尽心思让 HTML 更好看的原因。

最好的办法就是，让 HTML 为内容提供结构，而让 CSS 来控制文本及其他网页元素的展现效果。这样，就不必担心 HTML 的<h1>标签是否过大，也不必担心无序列表的间隔不对，因为这些都可以在后面使用 CSS 进行调整。

在 Dreamweaver 中编辑网页时，会不可避免地用到 CSS 样式，完整的 CSS 样式全部位于"CSS 样式面板"中，在"CSS 样式面板"中可以查看、创建、编辑或者删除 CSS 样式，并且还可以将外部样式表附加到文档内。

2．CSS 样式表的编辑方式

1）"CSS 样式"面板

打开"CSS 样式"面板的两种方法如下：

① 单击菜单"窗口"→"CSS 样式"命令，或者按【Shift+F11】组合键，打开"CSS 样式"面板，如图 3.1.2 所示。

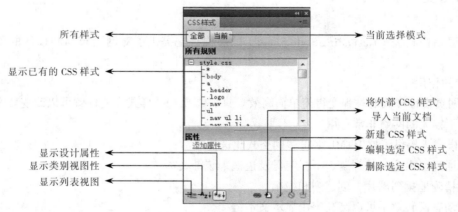

图 3.1.2 "CSS 样式"面板（一）

② 单击"属性"面板→"CSS"按钮，再单击"CSS 面板"按钮（见图 3.1.3），也可以打开图 3.1.3 所示的"CSS 样式"面板。

图 3.1.3 "CSS 样式"面板（二）

2）在 Dreamweaver 中创建新的 CSS 样式表

打开"新建 CSS 规则"对话框有以下 3 种方法：

① 单击"CSS 样式"面板→"新建 CSS 规则"按钮，如图 3.1.4 所示，弹出"新建 CSS 规则"对话框，如图 3.1.5 所示。

图 3.1.4　新建 CSS 规则

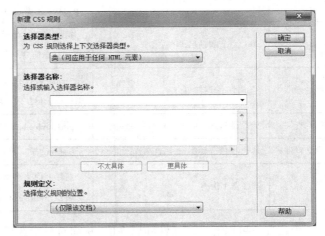

图 3.1.5　"新建 CSS 规则"对话框

② 单击菜单"格式"→"CSS 样式"→"新建"命令，也可以打开"新建 CSS 规则"对话框。

③ 单击"属性"面板→"CSS"属性，在"目标规则"下拉列表中选择"新 CSS 规则"，单击"编辑规则"按钮，或者从"属性"面板中选择一个选项（例如单击"粗体"按钮）以启动一个新规则，如图 3.1.6 所示，也可以打开"新建 CSS 规则"对话框。

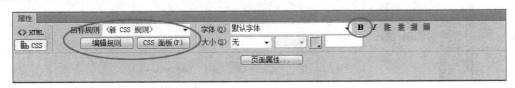

图 3.1.6　启动规则

在"新建 CSS 规则"对话框中，可以指定要创建的 CSS 规则的选择器类型。

3）CSS 选择器编辑

（1）选择器的类型

选择器用来对 HTML 文件的不同标签进行控制，从而使 CSS 可以对不同的网页元素进行修饰。CSS 的语法结构由 3 部分组成：选择器名、属性和属性值。

CSS 选择器的写法很多，可以针对同类标签进行统一设置，也可以指定标签设置，下面介绍几种常用的 CSS 选择器，如表 3.1.1 所示。

表 3.1.1　常用的 CSS 选择器

类　　型	用　　法	说　　明
标签选择器	标签名 { 属性名:属性值; }	使同一标签的元素拥有相同的样式 p{color:#F00; font-size:36px;}，使用\<p\>直接作用\</p\>

续表

类　型	用　法	说　明
类选择器	.class 名 { 属性名:属性值; }	使不同的网页元素拥有相同的样式，.red{color:#C00;}，使用 `<p class="red">`直接作用`</p>`
id 选择器	#id 名 { 属性名:属性值; }	精确控制某个元素的具体样式，如 #two{color:#600; font-family:'汉仪行楷简';}，使用`<p id="two">`直接作用`</p>`
通配选择器	*{ 属性名:属性值; }	*{color:#0C0; font-size:18px;}，可以控制所有的 html 元素，作用范围很广，但是效率较低
群组选择器:	选择器 1,选择器 2{ 属性名:属性值; }	p,h1,div{color:#F00;font-size:36px;}，对 p,h1,div 都有效
包含选择器:	选择器 1 选择器 2{ 属性名:属性值; }	p strong{color:#F00;}，使用`<p><strong>`直接作用`</strong></p>`
伪类选择器:	选择器 1:伪类	实际上伪类选择器不属于选择器，它是让元素呈现动态效果的特殊属性，常用的有 a:link、a:active、a:visited、a:hover

　　一个选择器可以有多个属性和属性值，从而对一个选择器声明多种样式风格。在实际编写 CSS 代码时，可以将不同的属性写在不同的行中。

　　（2）CSS 规则定义

　　在"CSS 规则定义"对话框，如图 3.1.7 所示，左侧的"分类"列表选择不同分类，可设置样式的不同属性，最后单击"确定"按钮即可。

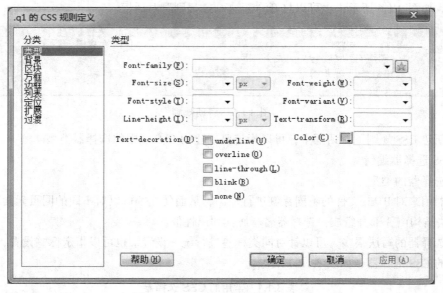

图 3.1.7　"CSS 规则定义"对话框

【课堂练习 3.1.1】如图 3.1.8 所示，使用 CSS 设置网页中文本 20 px、黑体、红色及位置，对文中的段落进行设置：字间距 5 像素，行间距 18，段前段后 10 像素。

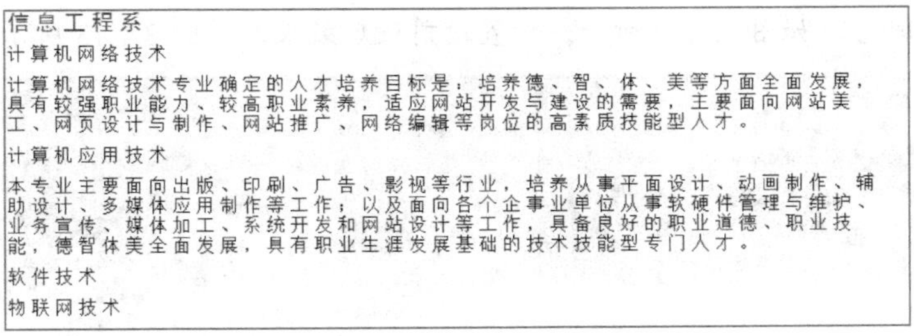

信息工程系
计算机网络技术
计算机网络技术专业确定的人才培养目标是：培养德、智、体、美等方面全面发展，具有较强职业能力、较高职业素养，适应网站开发与建设的需要，主要面向网站美工、网页设计与制作、网站推广、网络编辑等岗位的高素质技能型人才。
计算机应用技术
本专业主要面向出版、印刷、广告、影视等行业，培养从事平面设计、动画制作、辅助设计、多媒体应用制作等工作；以及面向各个企事业单位从事软硬件管理与维护、业务宣传、媒体加工、系统开发和网站设计等工作，具备良好的职业道德、职业技能，德智体美全面发展，具有职业生涯发展基础的技术技能型专门人才。
软件技术
物联网技术

图 3.1.8　文本编辑

① 新建一个类选择器，如图 3.1.5 所示，选择器名称中命名“red”，单击“确定”按钮。

② 进入“CSS 规则定义”对话框，如图 3.1.9 所示，设置字号、字体相关属性。

.red 的 CSS 规则定义
分类
类型
背景
区块
方框
边框
列表
定位
扩展
Font-family(F): 黑体
Font-size(S): 20 px
Font-weight(W): bold
Font-style(T):
Font-variant(V):
Line-height(I): px
Text-transform(R):
Text-decoration(D):
underline(U)
overline(O)
line-through(L)
blink(B)
none(N)
Color(C): #F00
帮助(H)
确定
取消
应用(A)

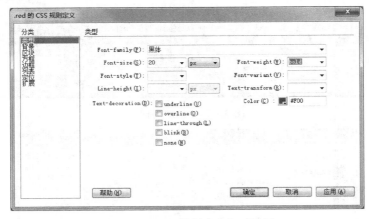

图 3.1.9　“CSS 规则定义”对话框

CSS 程序代码自动添加到代码视图<head>...</head>中，程序如下：

```
<style type="text/CSS">
.red {
    font-family: "黑体";
    font-size: 20px;
    font-weight: bold;
    color: #F00;
}
</style>
```

③ 添加类选择器效果，选中要编辑的文本，然后从“属性”面板中的“类”选项中选择相应选项（例如单击“red”按钮），如图 3.1.10 所示。

注意

类选择器是网页编辑中最常使用的选择器类型，类选择器使用灵活方便，可以给任何标签添加类选择器，新建类选择器后，选择器名字前会自动添加一个“.”，属性类中也会出现选择器名字。

④ 新建一个标签选择器，如图 3.1.5 所示，选择器名称中选择标签 p，单击“确定”按钮。

⑤ 进入“CSS 规则定义”对话框，如图 3.1.11 所示，设置区块属性，字间距 5 px，首行缩

进 2ems；设置行间距，如图 3.1.12 所示；设置段前段后效果，如图 3.1.13 所示。

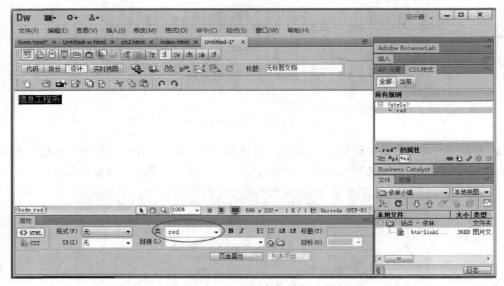

图 3.1.10　添加类样式

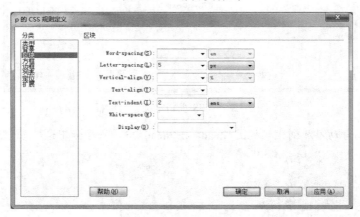

图 3.1.11　区块设置

图 3.1.12　行间距

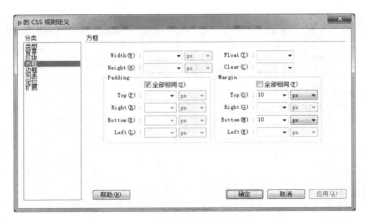

图 3.1.13 段前段后

CSS 程序代码：

```
p {
      letter-spacing: 5px;             /*字间距5像素*/
      margin-top: 10px;                /* 段前10像素*/
      margin-bottom: 10px;             /*段后10像素*/
      line-height: 18px;               /*行间间距18*/
      }
```

🛈 注意

　标签选择器是也是网页编辑中常使用的选择器类型，新建标签选择器后，选择器名字就是标签名，网页中所有标签都会自动应用该样式。

3. 在 HTML 中引入 CSS 样式表的方式

HTML 与 CSS 是两种作用不同的语言，要让它们能同时对一个网页产生作用，必须确定在 HTML 中引入 CSS 的方法，主要有以下几种：

- 将 CSS 样式表放置在 HTML 文件头部：内部样式表。
- 将 CSS 样式表放置在 HTML 文件主体：行内样式表。
- 将 CSS 样式表放置在 HTML 文件外部：链接样式表与导入样式表。

① 内部样式表添加方式如图 3.1.14 所示，在"规制定义"→"选择定义规则的位置"下拉菜单中选择"仅限该文档"，那么 CSS 程序代码自动添加到文件头处，为内部样式表。

格式如下：

```
<head>
<style type="text/css">
body {
      color: #F00;
}
</style>
</head>
```

<style>声明使用的是内部样式表，type="text/css"属性声明这是一段 CSS 样式。

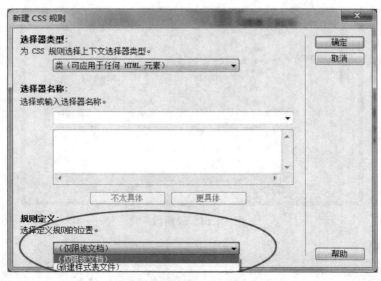

图 3.1.14 样式表添加

② 行内样式表直接对 HTML 标签使用 style 属性，然后将 CSS 代码作为属性值写到其中，其格式如下：

```
<body style="color:#F00">
</body>
```

③ 独立的样式表添加方式，如图 3.1.14 所示，在"规制定义"→"选择定义规则的位置"下拉菜单中选择"新建样式文件"，会弹出一个对话框，将新的样式文件定义到站点中，或单击菜单"文件"→"新建"命令，如图 3.1.15 所示，建立一个独立的 CSS 文件。

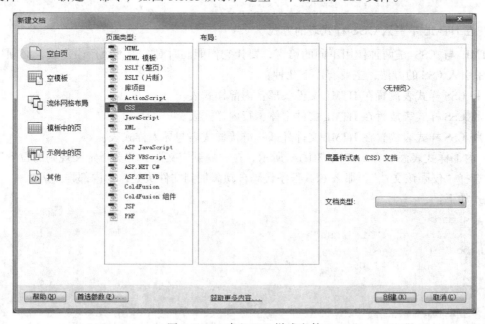

图 3.1.15 建立 CSS 样式文件

对已存在的 CSS 文件，可以在"CSS 样式"面板中，单击面板右下角的"附加样式表"按钮，如图 3.1.16 所示，出现"链接外部样式表"对话框，如图 3.1.17 所示。

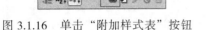

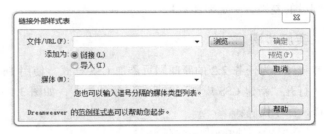

图 3.1.16　单击"附加样式表"按钮　　　　　图 3.1.17　"链接外部样式表"对话框

在图 3.1.17 中，"添加为"设置为"链接"时，单击"浏览"按钮，找到已经编写好的样式表文件，单击"确定"按钮，就会在"文件/URL"框中输入该样式表的路径，单击"预览"按钮确认样式表是否将所需要的样式应用于当前页面。如果应用的样式没有达到预期的效果，请单击"取消"按钮删除该样式表。页面将恢复到原来的外观。如果达到了预期的效果，就单击"确定"按钮，就会链接到一个外部样式表。

【课堂练习 3.1.2】修改课堂练习 3.1.1，将原来的内部样式表改为外部样式表，如图 3.1.18 所示，程序体分成两部分：源代码和 CSS 文档。

图 3.1.18　定义外部 CSS 样式表

代码如下：

```
<title>无标题文档</title>
<link href="css.CSS" rel="stylesheet" type="text/CSS" />
</head>
```

如果"添加为"设置为"导入"时，操作的步骤与设置为"链接"时相类似，单击"确定"按钮，就会在内部样式表中嵌套一个外部样式表：

```
<title>无标题文档</title>
<style type="text/CSS">
```

```
<!--
@import url("css.CSS");
-->
</style>
</head>
```

如果使用"导入"指令嵌套了外部样式表，大多数浏览器还能够识别页面中的导入指令。而当在链接到页面与导入到页面的外部样式表中存在重叠的样式规则时，解决属性冲突的方式会有一些细微的差别，一定要注意！

实施步骤

步骤 1：为任务 2.2 的新闻网页添加 CSS 样式。使用 Dreamweaver 打开新闻网页，选择 body 标签，打开"新建 CSS 规则"对话框，添加样式，如图 3.1.19 所示。

CSS 程序代码：

```
<style type="text/CSS">
body{                        /*对页面进行整体控制*/
font:14px/24px "宋体";
color:#000;
}
</style>
```

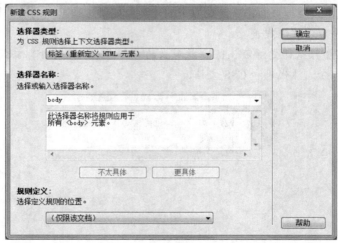

图 3.1.19　新建 body 样式

说明

添加样式后，网页<head></head>中自动添加<style type="text/CSS"> </style>标签，声明此处为 CSS 样式，同时，当前页中所有的 CSS 样式都自动放入此声明中。

步骤 2：编辑标题。给<h2>标签添加类".one"，设置效果为文本蓝色，居中。

```
.one {                       /*单独设置标题的样式*/
    color: #09F;
    text-align: center;
}
```

提示：类定义的原理，居中是<h2>标签的属性，一定要添加到 h2 上，也可以直接定义标签选择器 h2，执行的程序内容是一样的。

ℹ 注意

元素类型分别为块元素和行内元素，只有块元素能进行居中设置。

步骤 3：编辑副标题。为第二行文本<p>添加类 ".two"，文本居中。

```
.two{                        /*单独设置第一个段落的字号和对齐*/
text-align :center;
}
```

步骤 4：编辑正文。对不同的文字设置不同的颜色、粗细。

```
.blue{color:#3d6cb0;}        /*整体控制段落中所有的蓝色文本*/
.red{ color:#666;}           /*单独控制第 2 个段落中的红色文本*/
.five { font-weight: bold;}  /*单独控制第五个段落文本的粗细
```

ℹ 注意

CSS 样式是为 html 标签添加的一种属性类型，即 CSS 样式要添加到 html 标签上，如果该对象没有 html 标签，要给文章中文字添加颜色，软件会自动添加<span >标签。

步骤 5：编辑段落。段落首行缩进 2 字符，取消 HTML 标签的内外边距，设为 "0"。

```
p{text-indent:2em;}          /*整体控制段落的首行缩进*/
*{padding:0; margin:0;}      /*设置所有元素的边距为 0*/
```

程序源代码：

```
<h2 class="one">我院隆重举行 2017 级新生开学典礼暨军训闭营仪式 </h2>
<p class="two">发布时间: <span class="red">2017 年 09 月 18 日 9 月 15 日</span></p>
<hr>
<p>上午，2017 级新生开学典礼暨军训闭营式在学院体育场举行。院党委书记刘春友，副院长杜学森、王洪军、刘一波、东丽区国防教育基地领导出席大会，各系主任、书记及 2017 级辅导员们参加会议。</p>
<p>2017 级新生组建的 37 个徒步方队举行分列式展示，各方队精神饱满、气宇轩昂、口号嘹亮，迈着矫健的步伐走过主席台。<span class="blue">旗语操、擒敌拳、队列操、军歌合</span>唱等军训汇报表演结束后，全体 2017 级新生进行了庄严的入学宣誓。<img src="201791884020.jpg" width="300" height="200" align="right"></p>
<p class="five"> 至此，我院 2017 级新生开学典礼暨军训闭营仪式圆满结束。 </p>
```

任务 3.2　使用盒子进行 CSS 标准流布局

⚙ 任务介绍

利用 HTML 块元素完成效果图 3.2.1 所示的公告网页的布局，为其搭建好的整体架构，使用 CSS 样式调整每个模块的宽高、间距、位置。

图 3.2.1　网页的新闻显示效果

 任务分析

网页布局中最基本的方法就是标准流布局，主要使用 HTML 块标签将网页中图片和文字排放在页面的不同位置，把网页界面进行区块划分，各区块之间按照设计进行排列。在完成本任务过程中掌握标准流布局的概念，掌握盒子模型的概念，了解块元素与行内元素的区别。

 相关知识

1．网页布局的基本结构

根据网页布局的特点，一般来说网页可以分成 3 个大区块：

① 页头：又称之页眉，页眉的作用是定义页面的主题。页眉是整体设计的关键，其中又包括了 Logo、menu 和一幅 Banner 图片。

② 页脚：页脚和页面呼应，包括作者或公司信息，以及一些版权信息。

③ 主体部分：根据实际显示正文，是网页的主干部分，可以分成多个模块，如新闻、图文滚动、主要信息等。

2．常用的布局模式

网页布局大致可分为"国"字型、拐角型、标题正文型、左右框架型、上下框架型、综合框架型、封面型等。

①"国"字型：也可以称为"同"字型，是一些大型网站所喜欢的类型，即最上面是网站的标题以及横幅广告条，接下来是网站的主要内容，左右分列两小条内容，中间是主要部分，与左

右一起罗列到底。最下面是网站的一些基本信息、联系方式、版权声明等。这种结构是我们在网上见到的最多的一种结构类型。

②　拐角型：这种结构与上一种其实只是形式上的区别，拐角型的上面是标题及广告横幅，接下来的左侧是一窄列链接等，右列是很宽的正文，下面也是一些网站的辅助信息。在这种类型中，一种很常见的类型是最上面是标题及广告，左侧是导航链接。

③　标题正文型：这种类型即最上面是标题或类似的一些东西，下面是正文，比如一些文章页面或注册页面等就是这种类。

④　左右框架型：这是一种左右为分别两页的框架结构，一般左面是导航链接，有时最上面会有一个小的标题或标志，右面是正文。我们见到的大部分的大型论坛都是这种结构，有一些企业网站也喜欢采用。这种类型结构非常清晰，一目了然。

⑤　上下框架型：与左右框架型类似，区别仅仅在于是一种上下分为两页的框架。

⑥　综合框架型：上述两种结构的结合，相对复杂的一种框架结构，较为常见的是类似于"拐角型"结构，只是采用了框架结构。

⑦　封面型：这种类型基本上出现在一些网站的首页，大部分为一些精美的平面设计结合一些小的动画，放上几个简单的链接或者仅是一个"进入"的链接，甚至直接在首页的图片上做链接而没有任何提示。这种类型大部分出现在企业网站和个人主页，如果处理得好，会给人带来赏心悦目的感觉。

3．盒子模型

一般用于布局的标签称之为盒子，盒子模型是 CSS 网页布局的基础，只有掌握了盒子模型的各种规律和特征，才可以更好地控制网页中各个元素所呈现的效果。盒子的构成如图 3.2.2 所示。

图 3.2.2 就是盒子模型的组成部分，网页中所有的元素和对象都是如图 3.2.2 所示的基本结构组成，理解了盒子模型的结构后，要想随心所欲地控制页面中每个盒子的样式，还需要掌握盒子模型的相关属性，接下来就对盒子模型的相关属性进行详细讲解。

图 3.2.2　盒子模型

1）盒子的边框

"CSS 规则定义"对话框中的"边框"类别能够给对象添加边框，设置样式、颜色、粗细，如图 3.2.3 所示。

为了分割页面中不同的盒子，常常需要给元素设置边框效果，在 CSS 中边框属性中包括边框样式属性（border-style）、边框宽度属性（border-width）、边框颜色属性（border-color）、边框轮廓、边框阴影。

①　设置边框样式（border-style）：边框样式用于定义页面中边框的风格，常用属性值如下：

- none：没有边框即忽略所有边框的宽度（默认值）。
- solid：边框为单实线。
- dashed：边框为虚线。
- dotted：边框为点线。
- double：边框为双实线。

图 3.2.3　"边框"属性

使用 border-style 属性综合设置四边样式时，必须按上右下左的顺时针顺序，省略时采用值复制的原则，即一个值为四边，两个值为上下/左右，三个值为上/左右/下，具体设置代码如表 3.2.1 所示。

表 3.2.1　边框样式设置

属性值设置代码	含　　义
border-style: solid	4 条边框相同样式
border-style: solid dashed;	上下/左右相同
border-style: solid dashed dot;	上/左右/下
border-style: double dotted solid dashed	上下左右不同

② 设置边框宽度（border-width）：设置边框宽度的方法如下：

- borer-top-width：上边框宽度。
- borer-right-width：右边框宽度。
- borer-bottom-width：下边框宽度。
- borer-left-width：左边框宽度。
- borer- width：上边框宽度 [右边框宽度　下边框宽度　左边框宽度] 。

综合设置四边宽度必须按上右下左的顺时针顺序采用值复制，即一个值为四边，两个值为上下/左右，三个值为上/左右/下，具体设置代码如表 3.2.2 所示。

表 3.2.2　边框宽度设置

属性值设置代码	含　　义
border:1px　solid #F00;;	4 条边框相同宽度
border- width: 1px 5px;	上下/左右相同
border- width: 1px 3px 5px;	上/左右/下
border- width: 1px 3px 2px 5px;	上下左右不同

③ 设置边框颜色（border-color）：设置边框颜色的方法如下：

- border-top-color：上边框颜色。

- border–right–color：右边框颜色。
- border–bottom–color：下边框颜色。
- border–left–color：左边框颜色。
- border– color：上边框颜色 [右边框颜色 下边框颜色 左边框颜色]。

其取值可为预定义的颜色值、#十六进制、RGB(r,g,b)或 RGB(r%,g%,b%)，实际工作中最常用的是#十六进制。

边框的默认颜色为元素本身的文本颜色，对于没有文本的元素，例如只包含图像的表格，其默认边框颜色为父元素的文本颜色。

综合设置四边颜色必须按顺时针顺序采用值复制，即一个值为四边，两个值为上下/左右，三个值为上/左右/下，具体设置代码如表 3.2.3 所示。

表 3.2.3　边框颜色设置

属性值设置代码	含　　义
border:1px　solid　#F00;	4 条边框相同颜色
border– color: red blue;	上下/左右相同
border– color: #0F0 #F00 #00F;	上/左右/下
border– color: #000 #0F0 #F00 #00F;	上下左右不同

【**课堂练习 3.2.1**】制作盒子如图 3.2.4 所示，盒子 1 边框红色，实线，宽度为 5；盒子 2 的四个边分别指定，上：双实线、宽度 3，黑色，左：单实线、宽度 2，蓝色，下：虚线、宽度 2，红色，右：点线宽度 3，绿色；盒子 3 的边上下实线、宽度 5，黑色，左右虚线、宽度 2，红色。

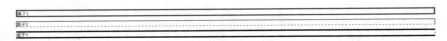

图 3.2.4　边框效果

打开"CSS 规则定义"对话框，选择"边框"选项，设置盒子上右下左四个边框效果，如图 3.2.5 所示，根据题意四边可相同，也可不同，Style 设置边框样式，Width 设置边框宽度，Color 设置边框颜色。

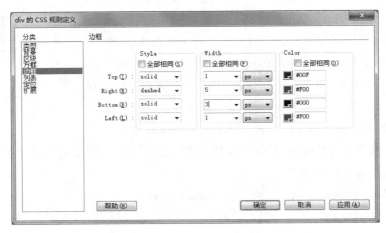

图 3.2.5　"边框"类别

CSS 程序代码：

```
<style type="text/CSS">
.one {
border: 5px solid #F00; /*4 条边框相同宽度 样式 颜色*/
}
.two {
border-top-width: 3px;
border-top-style: double;
border-right-style: solid;
border-bottom-style: dashed;
border-left-style: solid;
border-top-color: #000;
border-right-width: 3px;
border-bottom-width:2px;
border-left-width: 2px;
border-right-color: #0F0;
border-bottom-color: #F00;
border-left-color: #00F; /*4 条边框不同*/
}
/*盒子 2 也可以写成如下:
.two {
border-width:3px  3px 2px 2px;
border-style: double dotted solid dashed;
border-color:#000 #0F0 #F00 #00F ;
}*/
.three {
border-width: 5px 2px;
border-style: solid dashed;
border-color: #000 #F00; /*4 条边框上下, 左右各不同*/
}
</style>
```

④ 边框轮廓的圆角设置：{ border-radius：左上角、右上角、右下角、左下角；}

border-radius 是 CSS 设置圆角的一个属性，其属性值的单位可以使用：em、px、百分比等。

border-radius 可以同时设置 1～4 个值，其效果如图 3.2.6 所示。

{ border-radius: 10px 20px 0px 30px;}

类似于 border 的值的设定，一个值为 4 边、两个值为上下/左右，三个值为上/左右/下。

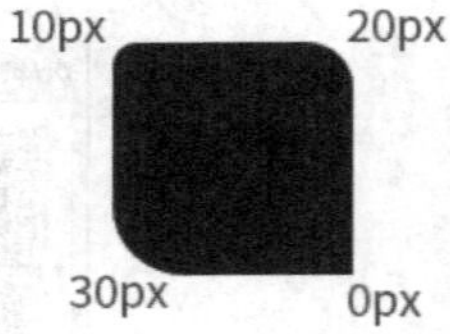

图 3.2.6 圆角边框

⑤ 边框阴影：{ box-shadow: X 轴 Y 轴 Rpx color; }

属性说明（顺序依次对应）：阴影的 X 轴（可以使用负值）；阴影的 Y 轴（可以使用负值）；阴影模糊值（大小）；阴影的颜色。

内阴影：{ box-shadow: X 轴 Y 轴 Rpx color **inset**; }

默认是外阴影。

制作一个 div 盒子，给盒子添加边框阴影式如图 3.2.7 所示。

{box-shadow: 0 0 10px #f00}

因没有使其 X 轴与 Y 轴移动，所以设置值为 0，
会在本身发生作用，模糊半径范围 10 px，颜色红色

{box-shadow:-4px -4px 10px #f00;}

X 轴与 Y 轴改变成了**负值**（负值向左、向上）
所以变成了这样

{box-shadow:4px 4px 10px #f00;}

　X 轴与 Y 轴改变了正值（正值向右、向下）
所以变成了这样

{ box-shadow: 0px 0px 10px red inset; }　内阴影与上面
写法相同　唯一不同的是添加了一个 inset，其他属性与
外阴影相同

图 3.2.7　边框阴影

【**课堂练习 3.2.2**】制作相册，盒子有红色圆角边框以及阴影，效果如
图 3.2.8 所示。

　　使用标签制作两个盒子，分别放入图片，盒子大小为 100px × 100px，图
片与表格间距为 10 px，每个盒子都为圆角，同时有右下阴影。

　　CSS 程序代码：

```
#box-1, #box-2{
    height: 100px;
    width: 100px;
    border-radius:25px; /*设置盒子圆角效果*/
    border: 1px solid #F00;
    box-shadow:5px 5px 10px red;/*设置盒子阴影效果*/
}
img {
    height: 80px;
    width: 80px;
}
```

图 3.2.8　相册

2）盒子的边距

　　从上面的例子里可以看出标签与标签内的内容连接紧密并且左上角对齐，如果需要标签与标
签内容或标签与外部隔开一定距离，可通过内边距 Padding 和外边距 Margin 来实现。

（1）内边距

　　为了调整内容在盒子中的显示位置，常常需要给元素设置内边距，所谓内边距指的是元素内
容与边框之间的距离，也常常称为内填充。打开标签"CSS 规则定义"对话框，如图 3.2.9 所示，
进行内边距 Padding 属性设置，效果图如图 3.2.10 所示。

　　在 CSS 中 Padding 属性用于设置内边距，同边框属性 border 一样，Padding 也是复合属性，其
相关设置如下：

- Padding-top：上边距。
- Padding-right：右边距。
- Padding-bottom：下边距。
- Padding-left：左边距。
- Padding：上边距 [右边距 下边距 左边距]。

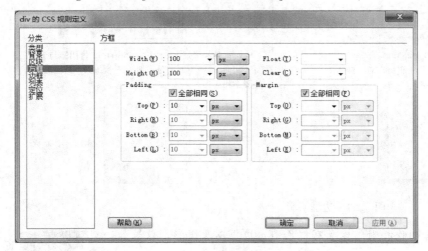

图 3.2.9 "方框"类别-padding 属性　　　　　　图 3.2.10　内边距

在上面的设置中，Padding 相关属性的取值可为：auto 自动（默认值）、不同单位的数值、相对于父元素（或浏览器）宽度的百分比。实际工作中最常用的是像素值 px，不允许使用负值。

同边框相关属性一样，使用复合属性 padding 定义内边距时，必须按顺时针顺序采用值复制：一个值为 4 边、两个值为上下/左右，三个值为上/左右/下。

使用 padding 相关属性设置图像和段落的内边距，其中段落内边距使用%数值。由于段落的内边距设置为了%数值，当拖动浏览器窗口改变其宽度时，段落的内边距会随之发生变化。

（2）外边距

网页是由多个盒子排列而成的，要想拉开盒子与盒子之间的距离，合理地布局网页，就需要为盒子设置外边距，所谓外边距指的是元素边框与相邻元素之间的距离，打开标签"CSS 规则定义"对话框，如图 3.2.11 所示，进行外边距 Margin 属性设置，效果图如图 3.2.12 所示。

在 CSS 中，Margin 属性用于设置外边距，它是一个复合属性，与内边距 Padding 的用法类似，设置外边距的方法如下：

- Margin-top：上边距。
- Margin-right：右边距。
- Margin-bottom：下边距。
- Margin-left：上边距。
- Margin：上边距 [右边距 下边距 左边距]。

Margin 相关属性的值，以及复合属性 Margin 取 1～4 个值的情况与 Padding 相同。但是外边距可以为负值，使相邻元素重叠，如图 3.2.13 所示。代码如下：

图 3.2.11 "方框"类别–Margin 属性　　　　图 3.2.12 外边距

HTML 程序代码：

```
<div id="box-1">
  <div id="box-2">此处显示  id "box-2" 的内容</div>
</div>
```

CSS 程序代码：

```
#box-1 {
    height: 200px;
    width: 200px;
    border: 2px solid #F00;
}
#box-2 {
    height: 100px;
    width: 100px;
    border: 1px solid #0F0;
    margin: 0px  0px  0px -2px;
}
```

【课堂练习 3.2.3】进一步完善课堂练习 3.2.2，使图片居中，盒子有外边距，效果如图 3.2.14 所示。

图 3.2.13 外边距为负值效果　　　　图 3.2.14 盒子嵌套

CSS 程序代码：

```
#box-1, #box-2{
    height:80px;
    width: 80px;
    margin-top: 40px;/*设置盒子外间距*/
    margin-left: 40px;
    border-radius:25px;
    border: 1px solid #F00;
    padding: 10px;
    box-shadow:5px 5px 10px red;
```

3）盒子模型的宽度与高度

网页是由多个盒子排列而成的，每个盒子都有固定的大小，在 CSS 中盒子占用的空间由以下几个属性决定：宽度（Width）、高度（Height）、边框（Border）、外边距（Margin）、内填充（Padding）。盒子模型又分为两种：标准盒模型和怪异盒模型。

① 标准模型下 200×200 px 的盒子，如图 3.2.15 所示，CSS 规范的盒子模型的总宽度和总高度的计算原则是：

盒子的总宽度=Width+左右内边距之和+左右边框宽度之和+左右外边距之和。

盒子的总高度=Height+上下内边距之和+上下边框宽度之和+上下外边距之和。

这时候我们会很奇怪，明明我们设置的盒子的高和宽是 200×200 px 怎么变成了 440×440 px 了呢？这多出来的是怎么回事？

这是 Padding 元素膨胀造成的结果。在标准盒模型中，设置 Padding 会自动挤压空间，而不会利用给出来的空间，不会占用"宽"内位置，不通过 Width 影响，会自己挤出空间来，就好像我的鞋子是 80×80 px 的，我不需要 100×100 px 的盒子，你给我一个 80×80 px 的盒子就好了，我靠我自己来把他挤成 100×100 px，这时很显然，解决的办法就出来了，我们的盒子的宽度只要设置成 80×80 px 然后设置 Padding：10 px；来让鞋子把周围的空间挤成 100×100 px。

这就是 padding 的标准盒模型，先做好鞋子，再去做盒子。

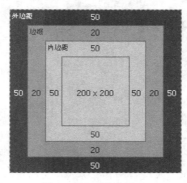

图 3.2.15　标准尺寸

② 怪异盒模型与标准盒模型的区别就是，怪异盒模型是先做好盒子，再来做鞋子，我把盒子的大小固定住，你鞋子怎么挤也没有用。

在怪异模式下的盒模型如图 3.2.16 所示，盒子的总宽度和高度是包含内边距 Padding 和边框

Border 宽度在内的盒子总宽度/高度：

盒子总宽度/高度=Width/Height + Margin = 内容区宽度/高度 + Padding + Border + Margin。

要使用怪异盒模型，需要通过 box-sizing 属性进行设置。

语法：box-sizing: content-box | border-box

- content-box：设置标准盒模型，默认值。

- border-box：设置怪异盒模型。

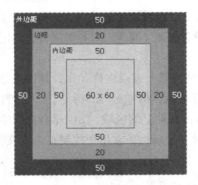

图 3.2.16 特殊尺寸

【**课堂练习 3.2.4**】如图 3.2.17 所示，已知 div 的大小 200×100 px，边框为 5 px，内边距相同，都为 10 px，外边距相同，都为 30 px，求盒子总宽度。

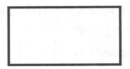

图 3.2.17 盒子宽度

① CSS 程序代码：

```
div
{width:200px;
heigh:100px;
padding:10px;
margin:30px
}
```

所求为标准盒模型：盒子的总宽度=30×2+5×2+10×2+200。

② CSS 程序代码：

```
div
{
Box-sizing: border-box;/*设置盒子为怪异盒子*/
width:200px;
heigh:100px;
padding:10px;
margin:30px
}
```

所求为怪异盒模型：盒子的总宽度=200+30×2。

4．标准流布局

在没有为网页元素添加 CSS 定位或浮动等属性时，网页元素都是按 HTML 代码的顺序执行的，就像流水一样，我们将这种布局方式成为标准流或文档流。

1）元素类型

HTML 标记语言提供了丰富的标记，用于布局页面结构。为了使页面结构的布局更加轻松、合理，HTML 标记被定义成了不同的类型，一般分为块标记和行内标记，也称块元素和行内元素。

① 块元素：块元素在页面中以区域块的形式出现，其特点是，每个块元素通常都会独自占据一整行或多整行，可以对其设置宽度、高度、对齐等属性，常用于网页布局和网页结构的搭建，例如<div>标签。

② 行内元素：行内元素也称内联元素或内嵌元素，其特点是，不必在新的一行开始，同时，也不强迫其他的元素在新的一行显示，例如<span>标签。一个行内元素通常会和它前后的其他行内元素显示在同一行中，它们不占有独立的区域，仅仅靠自身的字体大小和图像尺寸来支撑结构，一般不可以设置宽度、高度、对齐等属性，常用于控制页面中文本的样式。

> ℹ️ **说明**
>
> 布局时我们一般使用块元素进行区块划分。

2）元素类型转换

网页是由多个块元素和行内元素构成的盒子排列而成的，如果希望行内元素具有块元素的某些特性，例如可以设置宽高，或者需要块元素具有行内元素的某些特性，例如不独占一行排列，就可以使用 display 属性对元素的类型进行转换。

- 行内元素转换为块级元素：display:block。
- 块级元素转换为行内元素：display:inline。
- 行内块元素：display:inline-block。此元素将显示为行内块元素，可以对其设置宽高和对齐等属性，但是该元素不会独占一行。

3）HTML5 新增的布局标签

在以前的布局中我们经常使用块元素<div>，这样很难通过 HTML 标签名字来判断网页区块，HTML5 提供了一些新的布局标签，更加形象，分类更加细致，如表 3.2.4 所示。

表 3.2.4　HTML5 新增的布局标签

标签	说　　　明
<article>	标签定义外部的内容。比如来自一个外部的新闻提供者的一篇新的文章，或者来自 blog 的文本，或者是来自论坛的文本，亦或是来自其他外部源内容
<aside>	标签定义 article 以外的内容。aside 的内容应该与 article 的内容相关
<header>	标签定义 section 或 document 的页眉
<nav>	标签定义导航链接的部分
<section>	标签定义文档中的节（section、区段），比如章节、页眉、页脚或文档中的其他部分
<footer>	标签定义 section 或 document 的页脚，典型地，它会包含创作者的姓名、文档的创作日期以及/或者联系信息

【**课堂练习 3.2.5**】如图 3.2.18 所示，使用 HTML5 标签进行标准流布局。

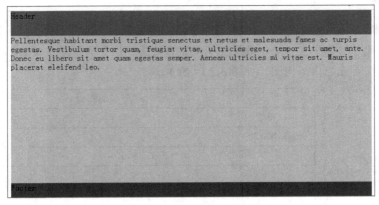

图 3.2.18　HTML5 标签布局

HTML 程序代码：

```
<body>
<header>Header</header>
        <section class="main">
          <p>Pellentesque habitant morbi tristique senectus et netus et
malesuada fames ac turpis egestas. Vestibulum tortor quam, feugiat vitae,
ultricies eget, tempor sit amet, ante. Donec eu libero sit amet quam egestas
semper. Aenean ultricies mi vitae est. Mauris placerat eleifend leo.</p>
        </section>
<footer>Footer</footer>
</body>
```

CSS 程序代码：

```
* {
    margin: 0px;
    padding: 0px;
}
header {                        /*设置文件头背景，大小*/
    height: 50px;
    background-color: #F0F;
}
section {                       /*设置文件体背景，大小*/
    background-color: #9F3;
    height: 300px;
}
footer {                        /*设置文件尾背景，大小*/
    background-color: #C00;
    height: 30px;
}
```

ⓘ **注意**

　　所有的 HTML 标签都有默认的 Padding、Margin 值，且不为 0，这样布局时各标签之间可能会出现空隙，因此 CSS 程序中第一步尽量是清除空隙，即* {margin: 0px;padding: 0px;},*为通配符，表示所有 HTML 标签。

实施步骤

步骤 1：分析布局。从效果图 3.2.1 中可以看出，网页分成三部分：头、体、尾，整篇文章都放在文件体里。此外，为了文章显示效果便于浏览者阅读，通常需要对文章的标题和内容进行排版，在制作网页前首先绘出结构图，如图 3.2.19 所示。

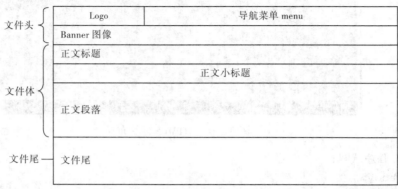

图 3.2.19　新闻网页的结构图

步骤 2：启动 Dreamweaver，单击菜单"文件"→"新建"命令，新建一个网页，根据步骤 1 分析的结构图，对网页进行区块划分。

HTML 程序代码：

```
<header> <img id="logo" src=""> <nav id="menu"></nav></header>
<section id="content" >
    <h2>天津滨海职业学院 2018 届毕业生春季（4 月）</h2>
    <h4>网上招聘会公告
     文章来源： 发布时间：2018 年 03 月 12 日 点击数： 249 次 字体： 小 大 </h4>
    <p>一、时间：2018 年 4 月 18 日
        二、形式：同时将各参会企业的招聘简章公布于我院网络招聘平台，并组织未就业应届毕业生
浏览信息，自主联系企业。 </p>
    <p>三、企业报名参加招聘会须具备以下条件： </p>
    <ol>
        <li>招聘岗位需求符合我院专业培养方向 </li>
        <li>注册资金在 50 万（含）以上 </li>
        <li>能按要求提供参加招聘会所需材料：营业执照副本、组织机构代码证（照片格式）、招聘
简章（Word 文档）。 </li>
    </ol>
    <p>四、报名： </p>
    <ol>
        <li>请先下载报名登记表，填写完整后连同营业执照副本、组织机构代码证（照片格式）、招
聘简章（招聘简章中应包括企业简介、招聘职位、薪资福利、学生应聘报名邮箱、联系电话）以压缩包
形式发到 bhjyzd@163.com，邮件主题为"单位简称+参加网上招聘会"。 </li>
        <li>说明：我们将根据学院专业设置和毕业生的就业情况统筹安排符合条件的企业参加网上
招聘会。</li>
        <li> 报名时间：2018 年 3 月 12 日--4 月 12 日点</li>
    </ol>
    <p>击此处下载报名表 </p>
    <img src=" mages/2017112012810.jpg" width="666" height="352">
```

```
</section>
<footer> </footer>
```

步骤 3：构建 CSS 样式。根据效果图 3.2.1 所示，使用 CSS 样式表修饰布局，首先对文件头、文件尾进行块划分，此处我们先清空 HTML 标签自带的边距，然后设置文件头标签 header 高 150 px，设置下边框；文件尾标签 footer 高 100 px，设置上边框。

CSS 代码如下：

```
* {
    margin: 0px;
    padding: 0px;
}
/*设置 header 标签的大小,边框*/
header {
    height: 150px;
    border-bottom-width: 1px;
    border-bottom-style: solid;
    border-bottom-color: #CCC;
}
/*设置 footer 标签的大小,边框*/
footer {
    height: 100px;
    border-top-width: 1px;
    border-top-style: solid;
    border-top-color: #930;
}
```

步骤 4：设置正文。文章整体居中，文中的主标题红色居中；副标题灰色居中，字号相比主标题小；标题与正文之间间距、正文段落行高设置合理。

```
/*设置主标题, 深红, 居中, 距离上下标签间距 */
#content h2 {
    color: #900;
    text-align: center;
    margin-top: 5px;
    margin-bottom: 20px;
}
/*设置副标题*/
#content h4 {
    font-weight: normal;
    color: #999;
    text-align: center;
    font-size: 12px;
    margin-bottom: 10px;
}
/*设置正文, 行高, 首行缩进 2 字符, 上间距*/
#content p{
    line-height: 30px;
    text-indent: 2em;
    margin-top: 10px;
}
/*设置符号列表左间距, 即符号与左边的距离*/
```

```
#content ol {
    margin-left: 60px; }
/*设置符号列表左间距，即符号与左边的距离*/
#content li{
    margin-top: 10px;
    line-height: 30px;
}
```

步骤 5：设置新闻图像的显示效果。通过观察可以看出图像独占一行，并且居中显示在正文中间，我们知道图像跟普通文字一样是行内元素，相当于一个比较大的文字，因此需要利用 display 属性将图像转换为块元素。

```
#content  img {
    display: block;    /*图像转换成块元素*/
    margin: auto;      /*图像居中*/
    height: 350px;
    width: 600px;
}
```

任务 3.3　采用 CSS 浮动属性进行网页布局

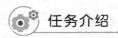 **任务介绍**

使用块元素对"enlightendesigns"英文网页进行布局，如图 3.3.1 所示，利用 CSS 样式的浮动属性完成一行多列的设置。

图 3.3.1　浮动布局

任务分析

标准流布局中，块元素都是独占一行的，但实际应用中，很多时候是一行多列的，如何让块元素显示在同一行呢？答案是使用 CSS 的浮动属性。在完成本任务过程中掌握浮动布局的基本原理和 float 属性的应用，掌握 clear 属性的含义与使用方法，能够采用浮动方式进行页面布局。

 相关知识

1．元素的浮动属性 float

"CSS 规则定义"对话框中的"方框"类别能够设置网页中的块元素的大小、位置，如图 3.3.2 所示。

若要使用多个标签水平排列，且可控制宽度，使用行内元素不能进行精确的设置，这时就需要使用 CSS 的浮动属性 float。

图 3.3.2　"方框"类别

利用 CSS 样式布局页面结构时，浮动（float）是使用率较高的一种定位方式。当某个元素被赋予浮动属性后，该元素便脱离文档流向左或向右移动，直到它的外边缘碰到包含框或另一个浮动框的边框为止。

语法：`float:none|left|right`

常用的 float 属性值有 4 个，分别表示不同的含义，具体如表 3.3.1 所示。

表 3.3.1　float 属性值

属 性 值	描　　　　述
left	元素向左浮动
right	元素向右浮动
none	元素不浮动（默认值）
inherit	规定应该从父元素继承 float 属性的值

【课堂练习 3.3.1】制作网页，添加 3 个块元素，使块元素水平显示。

① 我们知道块元素都是独占一行的，首先在制作 3 个 div 元素，默认是标准流布局效果，如

图 3.3.3（a）所示，代码如下：

HTML 结构代码：

```
<div id="box-1">id=" box-1"</div>
<div id="box-2">id=" box-2"</div>
<div id="box-3">id=" box-2"</div>
```

CSS 代码：

```
#box-1, #box-2, #box-3 {
    width:100px;                    /*盒子宽 100 px*/
    height:100px;                   /*盒子高 100 px*/
    background-color:#FF0;          /*背景颜色黄色*/
    margin:10px;                    /*盒子之间上间距 10 px*/
    }
```

② 如果想让盒子水平排列，我们要给标签添加 float 浮动属性，代码如下：

```
#box-1 { float:left ;}
```

③ 当给 box-1 添加左浮动后，如图 3.3.3（b）所示，box-1 脱离标准流向左移动，由于 box-1 浮动，它将不占空间，box-2 自然上移，被 box-1 覆盖，所以 box-2 在视图中消失。如果想 box-2 显示出来，那么就给 box-2 也添加浮动，并且排到 box-1 后面，效果如图 3.3.3（c）所示，代码如下：

```
#box-2 { float:left ;}
```

④ 如果所有盒子的横向排列，就三个盒子都左浮动，效果如图 3.3.3（d）所示。

ⓘ 说明

盒子的位置是由结构中标签的顺序决定的，如果程序修改一下，代码如下：

```
#box-1 , #box-3{float:left ;}
#box-2 { float:right ;}
```

效果如图 3.3.3（e）所示，此时 box-1、box-3 排在左面，box-2 排到了最右面，由此可见，当标签左浮动时，排到网页左面，标签右浮动时排到网页右面。但如果网页过窄，横向放不下三个盒子，那么浮动区块将下移。

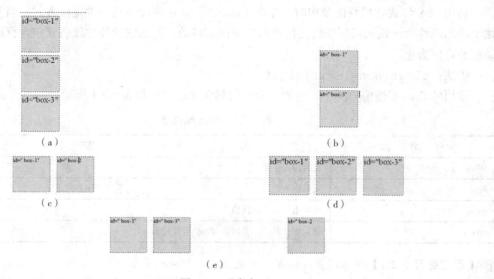

图 3.3.3　浮动

2. 清除浮动

由于浮动元素不再占用原文档流中的位置，所以会对页面中其他元素的排版产生影响。如果要避免这种影响，就需要对元素清除浮动。

清除浮动有三种方法：

① 运用 clear 属性清除浮动。

在 CSS 样式中，浮动与清除浮动 clear 是相互对立的，使用清除浮动能够解决页面错位的现象。

语法：`clear:none|left|right|both`

clear 属性的常用值有 5 个，分别表示不同的含义，具体如表 3.3.2 所示。

表 3.3.2 clear 属性值

属 性 值	描 述
left	不允许左侧有浮动元素（清除左侧浮动的影响）
right	不允许右侧有浮动元素（清除右侧浮动的影响）
both	同时清除左右两侧浮动的影响
none	默认值。允许浮动元素出现在两侧
inherit	规定应该从父元素继承 clear 属性的值

【课堂练习 3.3.2】针对课堂练习 3.3.1 继续讨论，页面所有元素均已向左浮动，在 box-3 后面再增加一个没有设置浮动的块级元素 box-4，未清除浮动时的状态如图 3.3.4（a）所示，清除浮动后的状态如图 3.3.4（b）所示。

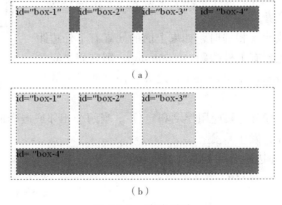

图 3.3.4 清除浮动

如图 3.3.4 所示，一旦有标签浮动，标签位置就会发生变化，要想浮动标签后的标签不浮动，一定要使用 clear 属性对浮动进行清除，代码如下：

HTML 程序代码：

```
<div id="box">
<div id="box-1">id="box-1" </div>
<div id="box-2">id="box-2"</div>
<div id="box-3">id="box-3"</div>
<div id="box-4"> id="box-4"</div>
</div>
```

CSS 程序代码：

```
#box-4 {
    width:460px;
    height:50px;
    background-color:#39F;
    margin:10px;
    clear:both;
}
```

② 运用 overflow 属性清除浮动。运用 clear 属性只能清除元素左右两侧浮动的影响。然而在制作网页时，经常会遇到一些特殊的浮动影响，例如，对子元素设置浮动时，如果不对其父元素定义高度，则子元素的浮动会对父元素产生影响。

③ 使用 after 伪对象清除浮动。使用 after 伪对象也可以清除浮动，但是该方法只适用于 IE8 及以上版本浏览器和其他非 IE 浏览器。使用 after 伪对象清除浮动时需要注意以下两点：

- 必须为需要清除浮动的元素伪对象设置 "height:0;" 样式，否则该元素会比其实际高度高出若干像素。
- 必须在伪对象中设置 content 属性，属性值可以为空，如 "content:"";"。

3. 外边距合并问题

当网页中盒子浮动后，盒子本身的宽度不会发生变化，所以对盒子布局时一定要考虑放置问题。如课堂练习 3.3.1 中网页宽度 300 px，那么 3 个盒子宽度相加 360 px，大于网页宽度如图 3.3.3（d）图片就会发生变化，box-3 将下移到下一行，如图 3.3.5 所示。

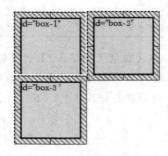

图 3.3.5　浮动下移

观察图 3.3.5，垂直外边距并没有相加，依然是 10px，这就是相邻块元素垂直外边距的合并。

当上下相邻的两个块元素相遇时，如果上面的元素有下外边距 Margin-bottom，下面的元素有上外边距 Margin-top，则它们之间的垂直间距不是 Margin-bottom 与 Margin-top 之和，而是两者中的较大者，这种现象被称为相邻块元素垂直外边距的合并。

在普通文档流中（没有对元素应用浮动和定位），当两个相邻或嵌套的块元素相遇时，其垂直方向的外边距会自动合并，发生重叠。

① 相邻块元素垂直外边距合并如图 3.3.6 所示。

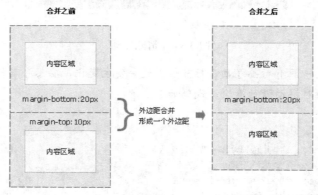

图 3.3.6　相邻合并

②　当一个元素包含在另一个元素中时（假设没有内边距或边框把外边距分隔开），它们的上和/或下外边距也会发生合并，如图 3.3.7 所示。

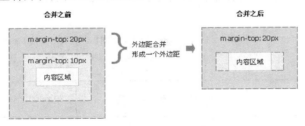

图 3.3.7　嵌套合并

这就是一系列的段落元素占用空间非常小的原因，因为它们的所有外边距都合并到一起，形成了一个小的外边距。

> **注意**
> 只有普通文档流中块框的垂直外边距才会发生外边距合并。行内框、浮动框或绝对定位之间的外边距不会合并。

实施步骤

步骤 1：首先根据设计图进行分析，按标准流布局方式把网页分成三部分，文件头，文件体，文件尾。文件头包括导航与图片、logo，文件体分成左右两个部分，文件尾为一些基本信息，设计规划如图 3.3.8 所示，结构图如图 3.3.9 所示。

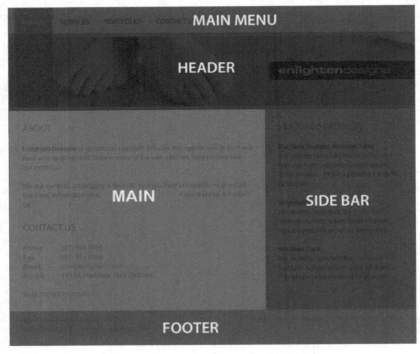

图 3.3.8　规划图

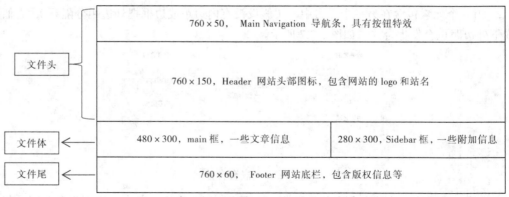

图 3.3.9 结构图

步骤 2：启动 Dreamweaver，单击菜单"文件"→"新建"命令，新建一个网页，根据步骤 1的分析，将网页划分区块文件头"top"，包含导航"main-nav"和 Logo 图片"header"，文件体"content"，包含主文本内容"main"和附加信息"sidebar"，文件尾"footer"，结构程序如下：

```html
<header id="top">
  <div id="main-nav">此处显示  id "main-nav" 的内容</div>
  <div id="header">此处显示  id "header" 的内容</div>
</header>
<section id="content">
  <div id="main">此处显示  id " main " 的内容</div>
  <div id="sidebar">此处显示  id "sidebar" 的内容</div>
</section>
<footer id="footer">此处显示  id "footer" 的内容</footer>
```

步骤 3：先将网页居中，分别设置#top，#content，#footer，宽度为 760 px，水平居中。CSS程序如下：

```css
/*设置网页结构标签的宽度,位置*/
#top, #content, #footer {
    width: 760px;
    margin-right: auto;
    margin-left: auto;
}
```

步骤 4：为了将 5 个区块完全区分开来，我们将这 5 个部分用不同的背景颜色标示出来，同时设置每个盒子的大小，CSS 程序如下：

```css
/*设置网页结构标签的颜色,高度*/
#main-nav {
background: red;
height: 50px;
}
#header {
background: blue;
height: 150px;
}
#sidebar {
background: darkgreen;
height: 150px;
```

```
}
#main {
background: green;
height: 150px;
}
#footer {
background: orange;
height: 60px;
}
```

步骤 5：#sidebar 和#main 为并列的两个盒子，采用浮动的方式进行调整，用 CSS 程序控制盒子浮动，程序如下：

```
/*设置网页体中的盒子并列放置*/
#main{
float: left;
width: 480px;
}
#sidebar {
float: right;
width: 280px;
}
```

步骤 6：由于标签浮动影响下面标签，所以文件尾需要取消浮动，为#footer 增加代码，CSS 程序如下所示：

```
/*清除浮动*/
#footer {
clear: both;
}
```

步骤 7：最后效果图如图 3.3.10 所示。

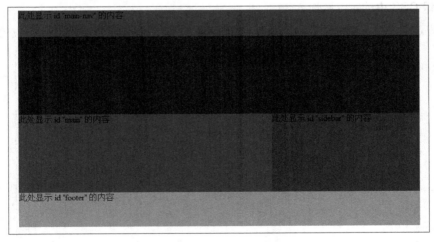

图 3.3.10　位置浮动效果图

ⓘ **说明**

如果当前盒子在浮动盒子后面，如果不需要浮动就会发生位置变形，如果需要它在浮动盒子下面，一定要进行取消浮动设置，即 clear。

任务 3.4 采用定位属性进行网页布局

 任务介绍

使用块元素对如图 3.4.1 所示的网页 banner 进行布局，利用 CSS 样式的定位属性完成图片位置的设定。

图 3.4.1 定位布局

 任务分析

利用定位方式进行图文排版是网页中一种常用的布局方式。在网页布局中，经常会出现盒子相互嵌套，并且位置固定，无论怎么移动，相互位置不会变化。这种子盒子相对父盒子位置固定的布局，我们采用定位的方式完成。在完成本任务过程中掌握 position 属性和相对定位与绝对定位的应用，掌握 z-index 属性的作用，了解 overflow 属性的作用，能够采用定位方式进行页面布局。

相关知识

1. 认识 CSS 中的定位属性

"CSS 规定定义"对话框"定位"类别，如图 3.4.2 所示，我们可以看到 CSS 定位的一些参数。

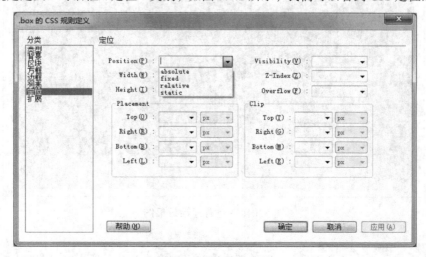

图 3.4.2 "定位"类别

定位（position）属性可以选择 4 种不同类型的定位模式。

语法：`position:static|relative|absolute|fixed`

常用的 position 属性值有 4 个，分别表示不同的含义，具体如表 3.4.1 所示。

表 3.4.1　position 属性值

属性值	描　　　　述
static	静态定位为默认值，为无特殊定位，对象遵循 HTML 定位规则
relative	生成相对定位的元素，相对于其正常位置进行定位
absolute	生成绝对定位的元素。元素的位置通过 left、top、right 和 bottom 属性进行规定
fixed	生成绝对定位的元素，相对于浏览器窗口进行定位。元素的位置通过 left、top、right 以及 bottom 属性进行规定
inherit	规定应该从父元素继承 position 属性的值

在定位过程中要注意 left、top、right 和 bottom 属性，只需要定义两个，水平方向：left 或 right；垂直方向：top 或 bottom，即 X 轴与 Y 轴两点确定位置。

1）静态定位

静态定位是 position 属性的默认值，即该元素出现在文档的常规位置，不会重新定位。通常此属性可以不设置，除非是要覆盖以前的定义。

【课堂案例 3.4.1】假设有这样一个页面布局，页面中分别定义了 id="top"、id="box"和 id="footer"这 3 个盒子，彼此是并列关系。id="box"的容器又包含 id="box-1"、id="box-2"和 id="box-3"这 3 个子盒子，彼此也是并列关系。编写相应的 CSS 样式，效果如图 3.4.3 所示。

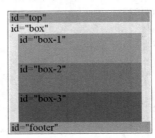

图 3.4.3　静态定位

HTML 程序代码：

```
<body>
<div id="top">id="top"</div>
<div id="box">id="box"
  <div id="box-1">
    <p>id="box-1";</p>
  </div>
  <div id="box-2">
    <p>id="box-2"</p>
    </div>
  <div id="box-3">
    <p>id="box-3"</p>
      </div>
</div>
```

```
<div id="footer">id="footer"</div>
</body>
```

CSS 程序代码:

```
body {  /*设置body效果*/
    width:400px;
    font-size:30px;
}/**/
#top {
    width:400px;
    line-height:30px;
    background-color:#6CF;
    padding-left:5px;
}
/*设置父盒子大小，背景颜色*/
#box {
    width:400px;
    background-color:#FF6;
    padding-left:5px;
    position:static;/*静态定位*/
    top:50px;
    left:50px;
}
/*设置子盒子大小，背景颜色*/
#box-1 {
    width:350px;
    background-color:#C9F;
    margin-left:20px;
    padding-left:5px;
}
#box-2 {
    width:350px;
    background-color:#C6F;
    margin-left:20px;
    padding-left:5px;
}
#box-3 {
    width:350px;
    background-color:#C3F;
    margin-left:20px;
    padding-left:5px;
}
#footer {
    width:400px;
    line-height:30px;
    background-color:#6CF;
    padding-left:5px;
}
```

2）相对定位

相对定位"position:relative;"，此属性值的设置，元素没有脱离文档流，还是普通流定位模型的一部分，会对文档流中其他元素布局产生影响，是通过设置水平或垂直位置的值，让这个元素"相对于"它原始的起点进行移动。

【课堂案例 3.4.2】针对课堂案例 3.4.1 深入讨论，将 id="box"向下移动 50 px，向右移动 50 px。编写相应的 CSS 样式，效果如图 3.4.4 所示。

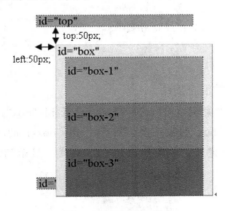

图 3.4.4　相对定位

CSS 程序代码：

```
#box {
    width:400px;
    background-color:#FF6;
    padding-left:5px;
    position:relative;/*相对定位*/
    top:50px;
    left:50px;
}
```

3）绝对定位

绝对定位"position:absolute;"，此属性值的设置元素脱离文档流，偏移不影响文档流中的其他元素，使用绝对定位的对象可以被放置在文档中任何位置，位置将依据浏览器左上角的 0 点开始计算。

【课堂案例 3.4.3】针对课堂案例 3.4.1 深入讨论，将 id="box-1"进行绝对定位，向下移动 50px，向右移动 200px。编写相应的 CSS 样式，显示的效果如图 3.4.5 所示。

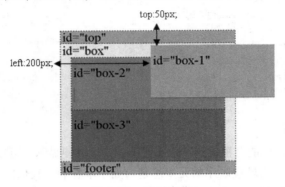

图 3.4.5　绝对定位

CSS 程序代码：

```
#box-1 {
    width:350px;
    background-color:#C9F;
    margin-left:20px;
    padding-left:5px;
    position:absolute;/*绝对定位*/
    top:50px;
    left:200px;
```

4）相对定位与绝对定位的混合使用

【课堂案例 3.4.4】 对课堂案例 3.4.1 进行修改，设置 id="box"，进行相对定位，则 id="box" 中的所有元素都将相当于 id="box"的块元素。然后将 id="box-1"的块元素进行绝对定位，便可以实现子元素相当于父元素进行定位。编写相应的 CSS 样式，显示的效果如图 3.4.6 所示。

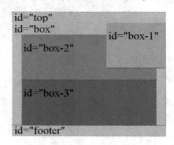

图 3.4.6　混合定位

CSS 程序代码：

```
/*设置父盒子大小，背景颜色，相对定位*/
#box {
    width:400px;
    background-color:#FF6;
    padding-left:5px;
    position:relative;
}
/*设置子盒子大小，背景颜色，绝对定位*/
#box-1 {
    width:150px;
    background-color:#C9F;
    margin-left:20px;
    padding-left:5px;
    position:absolute;
    top:0px;
    right:0px;
}
```

2. 元素的堆叠顺序

由于绝对定位的元素可能会覆盖到其他元素上，为了方便显示，可以通过 z-index 属性设置元素的堆叠顺序。拥有更高堆叠顺序的元素总是会处于堆叠顺序较低的元素的前面。如图 3.4.7（a）所示，黄盒子本来在下面，设置黄盒子的{z-index:2;}，它将如图 3.4.7（b）所示。

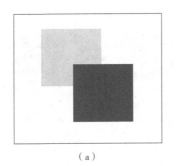 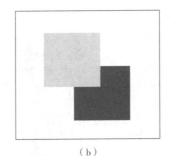

（a）　　　　　　　　　　　　　　（b）

图 3.4.7　绝对定位元素的堆叠顺序

ℹ 注意

元素可拥有负的 z-index 属性值。z-index 仅能在定位元素上奏效（例如 position:absolute;）。

z-index 属性设置一个定位元素沿 z 轴的位置，z 轴定义为垂直延伸到显示区的轴。如果为正数，则离用户更近，为负数则表示离用户更远。

3．元素的溢出

overflow 属性用于规定当内容溢出元素框时如何处理，其常用于属性值如表 3.4.2 所示。

表 3.4.2　overflow 属性设置

属性值	描　　　述
visible	默认值。内容不会被修剪，会呈现在元素框之外
hidden	内容会被修剪，并且其余内容是不可见的
scroll	内容会被修剪，但是浏览器会显示滚动条以便查看其余的内容
auto	如果内容被修剪，则浏览器会显示滚动条以便查看其余的内容
inherit	规定应该从父元素继承 overflow 属性的值

实施步骤

步骤 1：启动 Dreamweaver，单击菜单"文件"→"新建"命令，新建一个网页，将背景设置为黑色。

步骤 2：插入图片。插入一个 div，在 div 内插入 3 张图片，一张广告图片，两张箭头图片，图片位置可以随意，如图 3.4.8 所示。

步骤 3：图片定位。将箭头图片放在广告图片的固定位置处，如图 3.4.8 所示，此时，箭头图片相对 banner 进行绝对定位，而 banner 图片要进行相对定位。

图 3.4.8　插入图片

HTML 程序代码：

```
    <div class="box"> <img src="images/banner1.jpg" alt="美食" /> <span
class="left"><img src="images/arrow1.png" width="49" height="49" /></span>
<span class="right"><img src="images/arrow2.png" width="49" height="49"
/></span></div>
```

CSS 程序代码：

```
body {   background-color: #000;}
/*设置父元素大小，位置，相对定位*/
.box {
    margin: auto;
    height: 237px;
    width: 616px;
    position: relative;
}
/*设置元素相对于父元素的位置*/
.right {
    position: absolute;
    top: 95px;
    right: 20px;
}
.left {
    position: absolute;
    left: 20px;
    top: 95px;
}
```

*任务 3.5   采用弹性盒子布局响应式页面

任务介绍

采用弹性盒子进行布局，如图 3.5.1 所示，可以自适应浏览器窗口的流动布局或自适应字体大小。

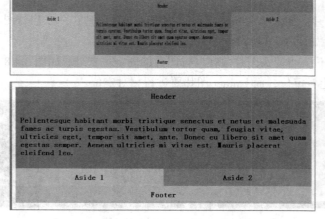

图 3.5.1   响应试布局

任务分析

和传统布局比较,传统的网页布局(layout)解决方案,是基于盒模型,依赖 display+float+position 属性。为了设计师更灵活地设计页面以适应各种浏览器,提出了弹性盒子的概念。在完成本任务过程中掌握弹性盒子的基本原理,掌握 flex 的基本属性及含义,能够实现响应式页面布局。

相关知识

2009 年,W3C 提出了一种新的方案——Flex 布局,旨在提供一个更加有效的布局方式,更好地控制项目的对齐和自由分配容器空间,即使它们的大小是未知的或动态的。弹性盒子模型方便设计师更灵活地设计页面上各容器的大小和位置。

1. 弹性布局基本原理

使用弹性布局可以有效地分配一个容器的空间,即使容器元素尺寸改变,它内部的元素也可以调整尺寸来适应空间,设置了弹性布局之后,子元素的 CSS 中的 float、clear、vertical-align 这些属性将失效。

可以将 flex 弹性布局看成一个大盒子,也就是一个大容器,只要将它定义为 display:flex;或 display:-webkit-flex;即它里面所有的子元素均自动成为容器的成员,专业术语称之为项目,它的工作原理如图 3.5.2 所示。

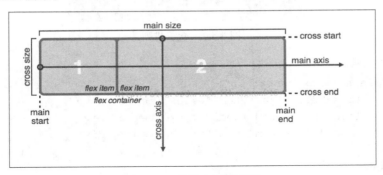

图 3.5.2　弹性盒子原理图

容器上有主轴和纵轴的概念,默认主轴（main axis）是横向,从左到右,纵轴（cross axis）是竖向,从上到下。其中所有元素的布局都会受到这两个轴的影响。

2. CSS3 弹性盒子属性

弹性盒子属性说明表如表 3.5.1 所示。

表 3.5.1　弹性盒子中常用到的属性

属　　性	描　　述
display	指定 HTML 元素盒子类型
flex-direction	指定了弹性容器中子元素的排列方式
justify-content	设置弹性盒子元素在主轴（横轴）方向上的对齐方式
align-items	设置弹性盒子元素在侧轴（纵轴）方向上的对齐方式

续表

属　　性	描　　　　　　　　　述
flex-wrap	设置弹性盒子的子元素超出父容器时是否换行
align-content	修改 flex-wrap 属性的行为，类似 align-items，但不是设置子元素对齐，而是设置行对齐
flex-flow	flex-direction 和 flex-wrap 的简写
order	设置弹性盒子的子元素排列顺序
align-self	在弹性子元素上使用。覆盖容器的 align-items 属性
flex	设置弹性盒子的子元素如何分配空间

【课堂案例 3.5.1】如图 3.5.3 所示，使用 flex 属性设置 3 个盒子横向排列，第一个弹性子元素占用了 2/4 的空间，其他两个各占 1/4 的空间。

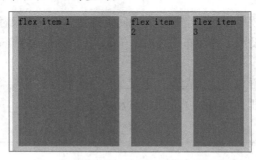

图 3.5.3　盒子排列

HTML 程序代码：

```html
<div class="flex-container">
  <div class="flex-item item1">flex item 1</div>
  <div class="flex-item item2">flex item 2</div>
  <div class="flex-item item3">flex item 3</div>
</div>
```

CSS 程序代码：

```css
.flex-container {
    display: -webkit-flex;
    display: flex;
    width: 400px;
    height: 250px;
    background-color: lightgrey;
     flex-direction: row;          /*指定元素排列方式*/
}
.flex-item {
    background-color: cornflowerblue;
    margin: 10px;
}
.item1 {                          /*指定元素分配空间*/
    -webkit-flex: 2;
    flex: 2;
```

```
    }
    .item2 {
        -webkit-flex: 1;
        flex: 1;
    }
    .item3 {
        -webkit-flex: 1;
        flex: 1;
    }
</style>
```

默认情况下，项目都是在容器里面水平排列的，即按照主轴排列，且是顺时针方向的。

Flex 弹性盒子布局方式是网页布局的发展趋势，它的属性复杂多样。接下来，我们详细讲解这些 CSS3 的弹性盒子模型属性。

① flex-direction:row|row-reverse|column|column-reverse

属性说明如表 3.5.2 所示。

表 3.5.2　flex-direction 的属性说明

属 性 值	含　义　描　述
row	横向从左到右排列（左对齐），默认的排列方式
row-reverse	反转横向排列（右对齐），从后往前排，最后一项排在最前面
column	纵向排列
column-reverse	反转纵向排列，从后往前排，最后一项排在最上面

② justify-content: flex-start | fex-end | center | space-between | space-arounld

属性说明如表 3.5.3 所示。

表 3.5.3　justify-conten 的属性说明

属 性 值	含　义　描　述
start	弹性项目向行头紧挨着填充。这个是默认值。第一个弹性项的 main-start 外边距边线被置在该行的 main-start 边线，而后续弹性项依次平齐摆放
flex-end	弹性项目向行尾紧挨着填充。第一个弹性项的 main-end 外边距边线被置在该行的 main-end 边线，而后续弹性项依次平齐摆放
center	弹性项目居中紧挨着填充（如果剩余的自由空间是负的，则弹性项目将在两个方向上同时溢出）
space-between	弹性项目平均分布在该行上。如果剩余空间为负或者只有一个弹性项，则该值等同于 flex-start。否则，第 1 个弹性项的外边距和行的 main-start 边线对齐，而最后 1 个弹性项的外边距和行的 main-end 边线对齐，然后剩余的弹性项分布在该行上，相邻项目的间隔相等
space-around	弹性项目平均分布在该行上，两边留有一半的间隔空间。如果剩余空间为负或者只有一个弹性项，则该值等同于 center。否则，弹性项目沿该行分布，且彼此间隔相等（比如是 20 px），同时首尾两边和弹性容器之间留有一半的间隔（1/2 × 20px=10 px）

各属性的效果如图 3.5.4 所示。

图 3.5.4　justify-content 效果图

③ align-items:flex-start|flex-end|center|baseline|stretch
属性说明如表 3.5.4 所示。

表 3.5.4　align-items 的属性说明

属性值	含　义　描　述
flex-start	弹性盒子元素的侧轴（纵轴）起始位置的边界紧靠住该行的侧轴起始边界
lex-end	弹性盒子元素的侧轴（纵轴）起始位置的边界紧靠住该行的侧轴结束边界
center	弹性盒子元素在该行的侧轴（纵轴）上居中放置（如果该行的尺寸小于弹性盒子元素的尺寸，则会向两个方向溢出相同的长度）
baseline	如弹性盒子元素的行内轴与侧轴为同一条，则该值与'flex-start'等效。其他情况下，该值将参与基线对齐
stretch	如果指定侧轴大小的属性值为'auto'，则其值会使项目的边距盒的尺寸尽可能接近所在行的尺寸，但同时会遵照'min/max-width/height'属性的限制

④ flex-wrap: nowrap|wrap|wrap-reverse|initial|inherit
属性说明如表 3.5.5 所示。

表 3.5.5　flex-wrap 的属性说明

属性值	含　义　描　述
nowrap	默认，弹性容器为单行。该情况下弹性子项可能会溢出容器
wrap	弹性容器为多行。该情况下弹性子项溢出的部分会被放置到新行，子项内部会发生断行
wrap-reverse	反转 wrap 排列

⑤ align-content: flex-start | flex-end | center | space-between | space-around | stretch
属性说明如表 3.5.6 所示。

表 3.5.6　align-content 的属性说明

属性值	含　义　描　述
stretch	默认。各行将会伸展以占用剩余的空间
flex-start	各行向弹性盒容器的起始位置堆叠
flex-end	各行向弹性盒容器的结束位置堆叠
center	各行向弹性盒容器的中间位置堆叠
space-between	各行在弹性盒容器中平均分布
space-around	各行在弹性盒容器中平均分布，两端保留子元素与子元素之间间距大小的一半

⑥ flex: auto | initial | none | inherit | [flex-grow] || [flex-shrink] || [flex-basis]

属性说明如表 3.5.7 所示。

表 3.5.7　flex 的属性说明

属　性　值	含　义　描　述
auto	计算值为 1、1、auto
initial:	计算值为 0、1、auto
none	计算值为 0、0、auto
inherit	从父元素继承
[flex-grow]	定义弹性盒子元素的扩展比率
[flex-shrink]	定义弹性盒子元素的收缩比率
[flex-basis]	定义弹性盒子元素的默认基准值

3. 浏览器兼容性

由于当前浏览器种类繁多，特别是手机网络的迅速发展，各主流浏览器对结构伪类选择器的支持存在较大的差异，在标准还未确定时，部分浏览器已经根据最初草案实现了部分功能，为了与之后确定下来的标准进行兼容，每种浏览器使用了自己的私有前缀与标准进行区分，当标准确立后，各大浏览器将逐步支持不带前缀的 CSS3 新属性。

目前已有很多私有前缀可以不写了，但为了兼容老版本的浏览器，可以仍沿用私有前缀和标准方法，逐渐过渡。这种方式在业界上统称：识别码、前缀。

● -ms：代表 IE 内核识别码。
● -moz：代表火狐 firefox 内核识别码。
● -webkit：代表谷歌 chrome/苹果 safari 内核识别码。
● -o：代表欧朋 opera 内核识别码。

实施步骤

步骤 1：首先进行网页结构设计，程序如下所示。<header>为文件头，<footer>为文件尾，其他为文件体。

HTML 程序代码：

```
<div class="wrapper">
    <header class="header">Header</header>
    <article class="main">
        <p>Pellentesque habitant morbi tristique senectus et netus et
malesuada fames ac turpis egestas. Vestibulum tortor quam, feugiat vitae,
ultricies eget, tempor sit amet, ante. Donec eu libero sit amet quam egestas
semper. Aenean ultricies mi vitae est. Mauris placerat eleifend leo.</p>
    </article>
    <aside class="aside aside-1">Aside 1</aside>
    <aside class="aside aside-2">Aside 2</aside>
    <footer class="footer">Footer</footer>
</div>
```

步骤 2：把<div>标签定义为盒子，然后对盒子内进行弹性布局。

```
/*设置文本加粗，居中，盒子显示效果*/
.wrapper {
    display:-webkit-box;
    display:-moz-box;
    display:-ms-flexbox;
    display:-webkit-flex;
    display:flex;
    -webkit-flex-flow:row wrap;    /*多行横向排列 */
    font-weight:bold;
    text-align:center
}
.wrapper > * {            /*布局自动调整*/
    padding:10px;
    flex:1 100%;    }
```

提示：

.wrapper >：表示布局自动调整。

element>element：div>p：选择父元素为<div>元素的所有<p>元素。

步骤 3：定义网页的基本结构样式：标题，主体区域和页尾。

```
/*设置 5 个盒子背景颜色，文本位置*/
.header {
    background:tomato
}
.footer {
    background:lightgreen
}
.main {
    text-align:left;
    background:deepskyblue
}
.aside-1 {
```

```
        background:gold
    }
    .aside-2 {
        background:hotpink
    }
```

步骤 4：设置列表区域的样式。

```
@media all and (min-width:600px) {
.aside {
flex:1 auto
}
}
@media all and (min-width:800px) {
.main {
flex:2 0px
}
/*设置盒子的排列顺序*/
.aside-1 {
order:1
}
.main {
order:2
}
.aside-2 {
order:3
}
.footer {
order:4
}
```

flex 最主要的作用在于可以通过这个属性快速设置和操作它的子元素的布局，可以方便地实现居中、居左、居右、两边对齐、垂直居中、水平居中中的效果。一般如果遇到这样的布局要求，使用 flex 会非常方便：

① 子元素高度不等，垂直居中。

② 多栏布局，栏目间隔自适应。

③ 多栏布局，子元素宽高不等。

项目总结

网站布局就像盖房子建地基，本项目主要介绍了网页制作的几种布局方式，通过本项目的学习，学生应该能够达到以下目标：

● 掌握 CSS 基本语法。

● 理解 HTML 块元素相当一个盒子，掌握使用 CSS 样式表编辑。

● 布局时，能根据不同情况使用浮动定位。

课 后 练 习

灵活使用所学的布局方式设置下图所示网页布局。

校园网首页

项目四　网页内容编辑

项目导读

房子盖完了，就应该对新房子进行装修了。构建好网页布局后，接下来就可以编辑网页内容，其中包括文本的输入与编辑，图像、导航栏以及表单的应用。本项目通过对网页的编辑，让同学掌握如何使用 CSS 样式编辑网页内容。

知识目标

- 掌握网页中文本的编辑。
- 掌握网页中图像的编辑。
- 掌握网页中导航栏元素的编辑。
- 掌握表单的编辑。

能力目标

- 能够在网页中插入文本，图像，并进行排版。
- 能够设置导航，并对导航美化。
- 能够用表单进行登录、注册、留言等布局。

重点与难点

- 能够在网页中插入文本、图像，并做好排版。
- 导航栏的编辑。

任务 4.1　使用 CSS 编辑网页中的文字

任务介绍

使用 CSS 设置"enlightendesigns"页面特定模块中的文本字体、颜色、行高、位置，调整网页链接的文字颜色，下画线样式等，效果如图 4.1.1 所示，为浏览者呈现更好的视觉效果。

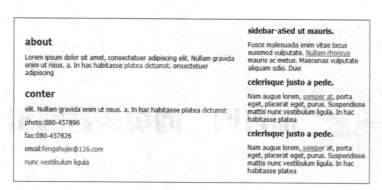

图 4.1.1 文字编辑效果

 任务分析

文字是网页中最基本的元素，同时文字的修饰也是网页美化中重要的一环，在完成本任务过程中掌握 CSS 样式对文本的设置，掌握标签的分块，掌握链接状态的 CSS 设置，掌握列表样式的设置。

 相关知识

文字是网页的基础组成元素，它能将各种信息有效地传递给浏览者，通常网页都有大量的文本，在 Dreamweaver 中可以直接输入，也可以复制，还可以插入水平线和特殊符号。文本样式的编辑，可以使用 CSS 样式。主要通过类型、区块、列表进行文本设置。

1. CSS 文字样式常用属性

"CSS 规则定义"对话框中的"类型"类别能够定义 CSS 样式的基本字体和类型配置，如图 4.1.2 所示。

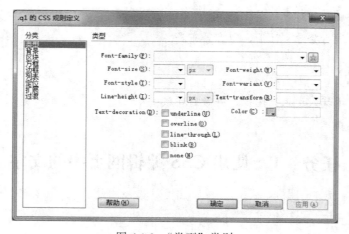

图 4.1.2 "类型"类别

① 字体 Font-family：定义文本能够同时添加多种字体，浏览器根据计算机中安装的字体自行调整。

② 字号 Font-size：定义文本大小。能够通过选择数字和度量单位选择特定的大小，也能够

选择相对大小。以像素为单位能够有效地防止文本变形。

💡 **注意**

　　CSS 中长度的单位分绝对长度单位和相对长度单位，如表 4.1.1 所示。

表 4.1.1　长度单位

长度类型	单　　　　　位
绝对长度	px：（像素）根据显示器的分辨率来确定长度
	pt：（字号）根据 Windows 系统定义的字号大小来确定长度
	in、cm、mm：（英寸、厘米、毫米）根据显示的实际尺寸来确定长度。此类单位不随显示器的分辨率改变而改变
	em：当前文本的尺寸。例如：{ font-size:2em}是指文字大小为原来的 2 倍
	ex：当前字母"x"的高度，一般为字体尺寸的一半
相对长度	%：是以当前文本的百分比定义尺寸。例如：{ font-size:300%}是指文字大小为原来的 3 倍

　　③ 粗细 Font-weight：对字体应用特定或相对的粗体量。"正常"等于 400；"粗体"等于 700。

　　④ 样式 Font-style：将"正常""斜体"或"偏斜体"指定为字体样式。默认配置是"正常"。

　　⑤ 行高 Line-height：配置文本所在行的高度。选择"正常"自动计算字体大小的行高，或输入一个确切的值并选择一种度量单位。比较直观的写法用百分比，例如 180%是指行高等于文字大小的 1.8 倍。

　　⑥ 修饰 Text-decoration：向文本中添加下画线、上画线或删除线，或使文本闪烁。正常文本的默认配置是"无"。链接的默认配置是"下画线"。将链接配置设为无时，能够通过定义一个特别的类删除链接中的下画线。这些效果能够同时存在，将效果前的复选框选定即可。

　　⑦ 变量 Font-variant：设置小型大写字母的字体显示文本，这意味着所有的小写字母均会被转换为大写，但是所有使用小型大写字体的字母与其余文本相比，其字体尺寸更小。

　　⑧ 大小写 Text-transform：将选定内容中的每个单词的首字母大写或将文本配置为全部大写或小写。

　　⑨ 颜色 Color：配置文本颜色。两种浏览器都支持颜色属性。

✎【**课堂练习 4.1.1**】使用 CSS 设置新闻样式，制作如图 4.1.3 所示的网页效果，标题紫红色，内有链接，开始为黑色无下画线，鼠标经过为红色，点击时为紫色、变大，点击后为黑色。

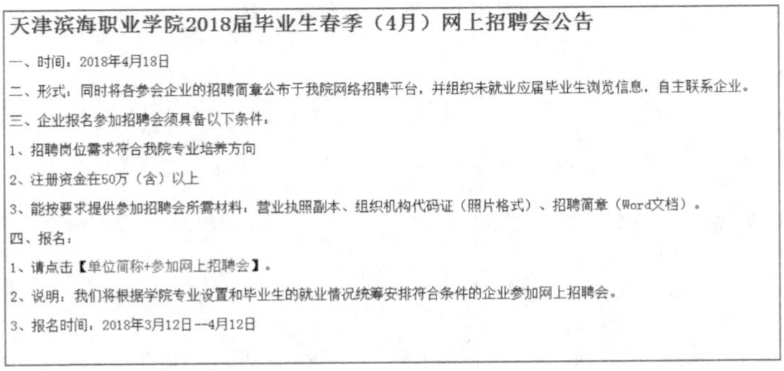

天津滨海职业学院2018届毕业生春季（4月）网上招聘会公告

一、时间：2018年4月18日

二、形式：同时将各参会企业的招聘简章公布于我院网络招聘平台，并组织未就业应届毕业生浏览信息，自主联系企业。

三、企业报名参加招聘会须具备以下条件：

1、招聘岗位需求符合我院专业培养方向

2、注册资金在50万（含）以上

3、能按要求提供参加招聘会所需材料，营业执照副本、组织机构代码证（照片格式）、招聘简章（Word文档）。

四、报名：

1、请点击【单位简称+参加网上招聘会】。

2、说明：我们将根据学院专业设置和毕业生的就业情况统筹安排符合条件的企业参加网上招聘会。

3、报名时间：2018年3月12日—4月12日

图 4.1.3　新闻样式

① 首先设置 HTML 结构标签，程序如下：

```
<h2>天津滨海职业学院 2018 届毕业生春季（4 月）网上招聘会公告</h2>
<p>一、时间：2018 年 4 月 18 日</p>
<p>二、形式：同时将各参会企业的招聘简章公布于我院网络招聘平台，并组织未就业应届毕业
生浏览信息，自主联系企业。</p>
<p>三、企业报名参加招聘会须具备以下条件：</p>
<p>1、招聘岗位需求符合我院专业培养方向</p>
<p>2、注册资金在 50 万元（含）以上</p>
<p>3、能按要求提供参加招聘会所需材料：营业执照副本、组织机构代码证（照片格式）、招聘
简章（Word 文档）。</p>
<p>四、报名：</p>
<p>1、请点击【<a href="#">单位简称+参加网上招聘会</a>】。</p>
<p>2、说明：我们将根据学院专业设置和毕业生的就业情况统筹安排符合条件的企业参加网上招
聘会。</p>
<p>3、报名时间：2018 年 3 月 12 日--4 月 12 日</p>
```

② 设置标题标签 h2 效果：color: #900。

③ 分别设置链接<a>的 4 种效果，采用伪类选择器方式。单击"CSS 样式"面板→"新建
CSS 规则"按钮，弹出"新建 CSS 规则"对话框，在"选择器类型"下拉菜单中选择"复合内容"，
"选择器名称"下拉菜单中选择"伪类选择器"，如 a:link，如图 4.1.4 所示，由于 a:link 和 a:visited
效果相同，可以采用群组选择器方式书写。

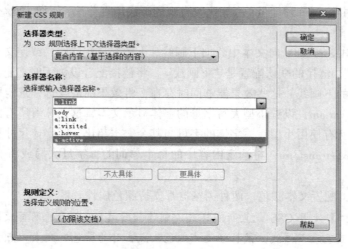

图 4.1.4 添加伪类选择器

CSS 程序代码：

```css
h2 {
    color: #900;
}
a:link , a:visited {
    color: #000;
    text-decoration: none;
}
a:hover {
    color: #F00;
```

```
    }
a:active {
    font-size: 24px;
    color: #FF3;
    }
</style>
```

2. CSS 段落样式常用属性

"CSS 规则定义"对话框中"区块"类别能够定义 HTML 标签的间距和对齐配置，如图 4.1.5 所示。

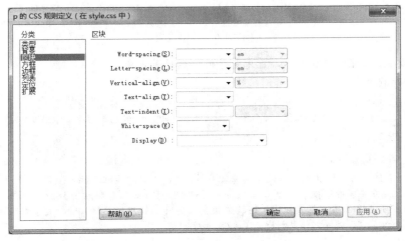

图 4.1.5 "区块"类别

① 单词间距 Word-spacing：配置单词的间距。若要配置特定的值，请在弹出式菜单中选择 "值"，然后输入一个数值。在第二个弹出式菜单中，选择度量单位。

② 字母间距 Letter-spacing：增加或减小字母或字符的间距。若要减少字符间距，请指定一 个负值。字母间距配置覆盖对齐的文本配置。

③ 垂直对齐 Vertical-align：指定应用它的元素的垂直对齐方式。

④ 文本对齐 Text-align：配置元素中的文本对齐方式。

⑤ 文本缩进 Text-indent：指定第一行文本缩进的程度。

⑥ 空格 White-space：确定怎样处理元素中的空白。从下面三个选项中选择："正常"收缩 空白；"保留"的处理方式即保留任何空白，包括空格、制表符和回车；"不换行"指定仅当碰 到
标签时文本才换行。

⑦ 显示 Display：指定是否显示连同怎样显示元素。"无"关闭它被指定给的元素的显示。 行内元素有时根据需求可能需要有高度和宽度，这时就需要元素性质转换，Display 就可以进行元 素性质转换。

【课堂练习 4.1.2】如图 4.1.6 所示，调整段落的外间距，首行缩进 2 字符，行高为 30 px，链 接由"|"隔开，修改链接<a>标签为块元素，大小 150×30 px，红色背景，白色文字，鼠标悬停 文字变成黑色。

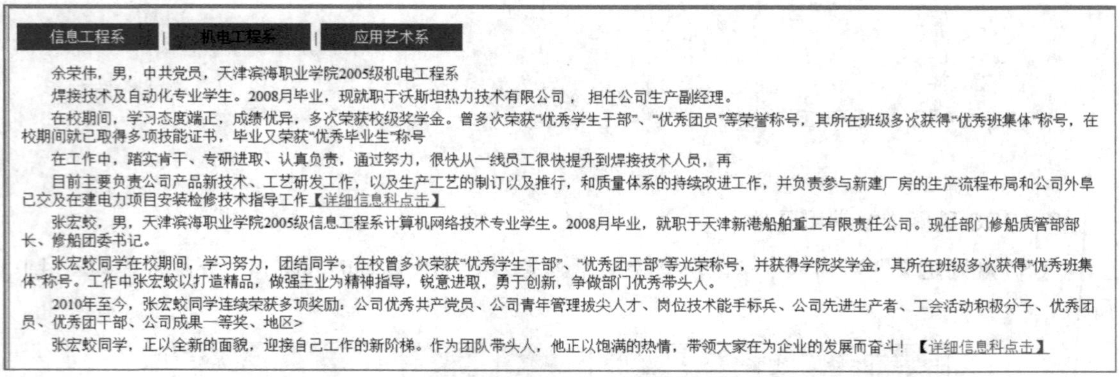

信息工程系 | 机电工程系 | 应用艺术系

余荣伟，男，中共党员，天津滨海职业学院2005级机电工程系
焊接技术及自动化专业学生。2008月毕业，现就职于沃斯坦热力技术有限公司，担任公司生产副经理。
在校期间，学习态度端正，成绩优异，多次荣获校级奖学金。曾多次荣获"优秀学生干部"、"优秀团员"等荣誉称号，其所在班级多次获得"优秀班集体"称号，在校期间就已取得多项技能证书，毕业又荣获"优秀毕业生"称号
在工作中，踏实肯干、专研进取、认真负责，通过努力，很快从一线员工很快提升到焊接技术人员，再
目前主要负责公司产品新技术、工艺研发工作，以及生产工艺的制订以及推行，和质量体系的持续改进工作，并负责参与新建厂房的生产流程布局和公司外阜已交及在建电力项目安装检修技术指导工作【详细信息科点击】
张宏蛟，男，天津滨海职业学院2005信息工程系计算机网络技术专业学生。2008月毕业，就职于天津新港船舶重工有限责任公司。现任部门修船质管部部长、船舶团委书记。
张宏蛟同学在校期间，学习努力，团结同学。在校曾多次荣获"优秀学生干部"、"优秀团干部"等光荣称号，并获得学院奖学金，其所在班级多次获得"优秀班集体"称号。工作中张宏蛟以打造精品，做强主业为精神指导，锐意进取，勇于创新，争做部门优秀带头人。
2010年至今，张宏蛟同学连续荣获多项奖励：公司优秀共产党员、公司青年管理拔尖人才、岗位技能手标兵、公司先进生产者、工会活动积极分子、优秀团员、优秀团干部、公司成果一等奖、地区>
张宏蛟同学，正以全新的面貌，迎接自己工作的新阶梯。作为团队带头人，他正以饱满的热情，带领大家在为企业的发展而奋斗！【详细信息科点击】

图 4.1.6　段落设置

① 结构设置，如图 4.1.6 所示，首先是导航，然后是正文。
HTML 程序代码：

```
<div id="nav">
  <a href="#">信息工程系</a> | <a href="#">机电工程系</a> | <a href="#">应
用艺术系</a>
</div>
<div id="man1">
<p>余荣伟，男，中共党员，天津滨海职业学院 2005 级机电工程系</p>
  <p>......目安装检修技术指导工作<a href="#">【详细信息科点击】</a></p>
  <p>2010 年至今，张宏蛟同学连续荣获多项奖励......饱满的热情，带领大家在为企业的发展而奋
斗！【<a href="3">详细信息科点击】</a></p>
</div>
```

② 设置导航中的链接效果，由于标签<a>为行内元素，所以要进行转换，又因为要在一行显示，所以设置 display: inline-block；链接的 4 种状态相同时，可以只设置<a>，由于链接的继承性，如果其中某种状态不同，可以单独设置。

CSS 程序代码：

```
#nav a {
    line-height: 30px;
    display: inline-block;
    height: 30px;
    width: 150px;
    text-align: center;
    color: #FFF;
    text-decoration: none;
    background-color: #F00;
}
#nav a:hover {
    color: #000;
}
```

③ 设置文本段落效果，由于任何标签都有默认的外边距，所以要修改 Margin，然后每段首行缩进 2 字符。

```
#man1 p { margin: 5px;
    text-indent: 2em;    }
```

④ 由于导航与正文中的链接效果不同，所以使用包含选择器，针对不同盒子的链接效果做不同设置。

```
#man1 a {
    color: #666;
}
#man1 a:hover {
    color: #C30;
}
```

3. CSS 列表样式常用属性

"CSS 规则定义"对话框中的"列表"类别能够定义列表配置，如图 4.1.7 所示。

图 4.1.7 "列表"类别

① 类型 List-style-type：配置项目符号或编号的外观。两种浏览器都支持"类型"。

② 项目符号图像 List-style-image：能够为项目符号指定自定义图像。单击"浏览"按钮选择图像或输入图像的路径。

③ 位置 List-style-type-position：配置列表项文本是否换行和缩进，连同文本是否换行到左边距。

> **注意**
>
> 在实际网页制作过程中，各个浏览器对 List-style-type 属性的解析不同。因此，不推荐使用 List-style-type 属性，而是对 List-style 直接设置。其注意事项如下。
>
> - 列表样式也是一个复合属性，可以将列表相关的样式都综合定义在一个复合属性 List-style 中。其语法格式如下："list-style: list-style-type, list-style-position, list-style-image; "。
> - 使用复合属性 List-style 时，通常按上面语法格式中的顺序书写，各个样式之间以空格隔开，不需要的样式可以省略。
> - 值得一提的是，在实际网页制作过程中，为了更高效地控制列表项目符号，通常将 List-style 的属性值定义为 none，然后通过为 <li> 设置背景图像的方式实现不同的列表项目符号。

【课堂练习 4.1.3】 通过 CSS 修饰列表链接，如图 4.1.8 所示，标题文本有灰色边框，下边框为黑色，左间距 Padding: 30px;列表项标记换成图像，链接黑色无下画线，鼠标悬停为橙色。

① 结构设置，输入文本，对相应文本设置 HTML 标签，如标题<h2>，项目列表<ul>，链接<a>。

图 4.1.8　列表设置

HTML 代码程序：

```
<div class="all">
    <h2 >招聘信息</h2>
    <ul >
        <li><a href="#">北京****信息科技招聘人才</a></li>
        <li><a href="#">上海****招聘工程师</a></li>
        <li><a href="#">永特****招聘网络管理员</a></li>
        <li><a href="#">中国****研究所招聘实习生</a></li>
        <li><a href="#">上海****科技招聘 PHP 人才</a></li>
    </ul>
</div>
```

② 设置 CSS 样式，整体居中，设置标题：高度 30 px，文本左填充为 30 px，标题标签内容垂直居中，有边框，下边框颜色加深。

CSS 程序代码：

```
body{font-size:12px; font-family:"宋体"; color:#222;}
/*重置浏览器的默认样式*/
Body,h2 { padding:0; margin:0; list-style:none;}/*取消标签的空格，列表项目
                                                    符号*/
.all{            /*控制最外层的大盒子*/
    width:233px;
    height:200px;
    margin:20px auto;
}
h2{
    font-size:12px;
    color:#393939;
    height:30px;                         /*盒子高 30 px*/
    line-height:30px;                    /*行高 30 px*/
    border:1px solid #d6d6d6;            /*设置下边框*/
    border-bottom:1px solid #808080;     /*单独定义下边框进行覆盖*/
    padding-left:30px;                   /*左内边框 30 px*/
}
```

ⓘ 注意

盒子高度与行高相同，文字垂直居中，但只对单行文本适用。

③ 设置列表效果，取消标签的空格，列表项目符号，设置列表位置左填充 25 px，列表项高

16 px，前面图标改为图像。

```
ul,li{ padding:0; margin:0; list-style:none;}
ul{padding:10px 0 0 25px;}
li{
    height:16px;
    list-style-image: url(../images/li_bg.png);}
```

④ 设置链接样式，点击前后为深灰色无下画线，鼠标划过时为橙色。

```
a:link, a:visited{              /*未点击和点击后的样式*/
    color:#222;
    text-decoration:none;
}
a:hover{                        /*鼠标移上时的样式*/
    color:#FD4913;
}
```

实施步骤

步骤 1：打开"任务 3.3 采用 CSS 浮动属性进行网页布局"，将"项目四/ch1/4.1.txt"文字分别添加到该网页文件体中#main 与 #sidebar 盒子中，如图 4.1.9 所示。

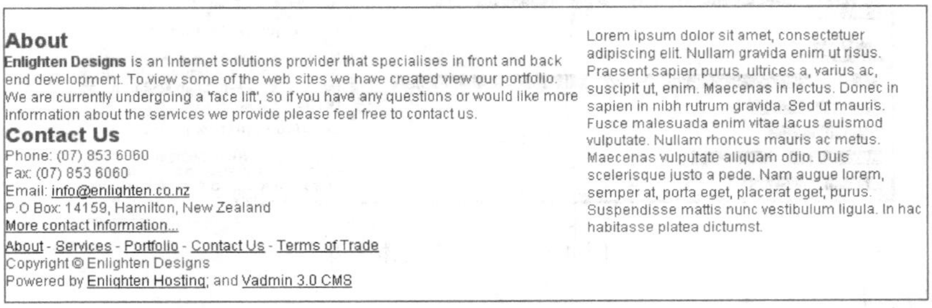

图 4.1.9 添加文本

HTML 程序代码：

```
<div id="main">
<h2>about</h2>
    <p>Lorem ipsum dolor sit amet, consectetuer adipiscing elit. Nullam
gravida enim ut risus. a. In hac habitasse <a href="#">platea dictumst</a>.
onsectetuer adipiscing </p>
    <h2>conter</h2>
    <p>elit. Nullam gravida enim ut risus. a. In hac habitasse platea<a
href="3"> dictumst</a></p>
    <p>photo:080-457896</p>
    <p>fax:080-457826</p>
    <p>email:<a
href="mailto:fengshujie@126.com">fengshujie@126.com</a></p>
    <p><a href="#">nunc vestibulum ligula</a></p>
</div>
<div id="sidebar ">
<h3>sidebar-aSed ut mauris. </h3>
    <p>Fusce malesuada enim vitae lacus euismod vulputate. <a href="#">Nullam
rhoncus </a>mauris ac  metus. Maecenas vulputate aliquam odio. Duis </p>
```

```
    <h3>celerisque justo a pede. </h3>
    <p>Nam augue lorem, <a href="#">semper at</a>, porta eget, placerat eget,
purus.  Suspendisse mattis nunc vestibulum ligula. In hac habitasse platea
</p>
    <h3>celerisque justo a pede. </h3>
    <p>Nam augue lorem, <a href="#"> sempe</a>r at, porta eget, placerat eget,
purus. Suspendisse  mattis nunc vestibulum ligula. In hac habitasse platea
</p>
    </div>
```

> **注意**
>
> 文本插入网页时尽量不要用强制换行
，而用段落标签<p>。

步骤 2：设置文本样式。如图 4.1.10 所示，调整文字在盒子中的位置，Padding: 10 px，设置盒子的内填充为 10 px，分出段落，设置 main 块中的标题为红色，调整标题、段落，选中相应文本添加链接，并设置链接效果。

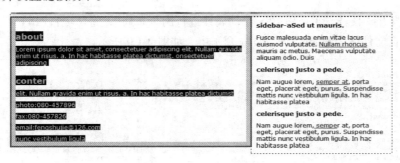

图 4.1.10　输入文本效果

CSS 程序代码：

```
# main h2 {
    color: #C00;
    margin-top: 20px;
    margin-bottom: 10px;
}
# main{
    padding: 10px;}
# main  p {
    margin-top: 10px;
    margin-bottom: 10px;
}
# sidebar {
    padding: 10px; }
# sidebar  p {
    margin-bottom: 10px;
}
```

步骤 3：设置链接效果。main 块中链接为橙色、无下画线，sidebar 块中的链接为绿色、有下画线，由于 main 与 sidebar 中的链接效果不同，所以设置链接<a>时前面加上盒子名字，以便区分，即包含选择器方式。

CSS 程序代码：

```
# sidebar a {
    color: #090;
}
# main a {
    color: #930;
    text-decoration: none;
}
```

任务 4.2 使用 CSS 编辑图像

任务介绍

为"enlightendesigns"网页中导航、banner 模块设置图像样式，如图 4.2.1 所示，设置 Logo 图像大小、位置，使用 CSS 精灵技术调整导航中背景图像位置。

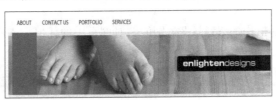

图 4.2.1 文字编辑效果

任务分析

文本使网页的内容得到充实，图像使网页的内容更加丰富多彩。在完成本任务过程中掌握与图像相关的 HTML 标签及属性，掌握修饰图像的 CSS 背景属性，能够对背景图像进行编辑。

相关知识

在网页中使用比较多的图片格式是 JPG、GIF 和 PNG，它们的特点是体积小，压缩率较高，大多数浏览器都可以显示这些图像。

网页中的图分成两类：一种是插入图像，一种是背景图像。

1. 插入图像的编辑

<img>标签用于在 HTML 文档中插入图像，该标签可以放在要显示图像的位置。

【课堂练习 4.2.1】将图像转换为块元素，设置元素内 Padding: 4 px，外边距 Margin:10 px，效果如图 4.2.2 所示。

图 4.2.2 插入图像

HTML 代码：

```
<img src="img/music1.jpg" alt="传智之歌" class="inner" />
<img src="img/music2.jpg" alt="无悔的青春" class="inner" />
```

CSS 程序代码：

```
.inner{                          /*控制左右侧内部包含图像的盒子*/
        width:160px;
        height:90px;
        border:1px solid #CCC;
        padding:4px;
        display: inline-block;
        margin: 10px;
    }
```

在上面的练习中使用 display:inline-block 设置图像水平块元素，同时设置图像黑色边框、内边框 4 px，使图像与边框有白色距离，外边距 10 px，使图像和图像之间拉开一定的距离，实现常见的排版效果。

2．背景图像的编辑

"CSS 规则定义"对话框中的"背景"类别能够对网页中的任何元素应用背景属性，如图 4.2.3 所示。

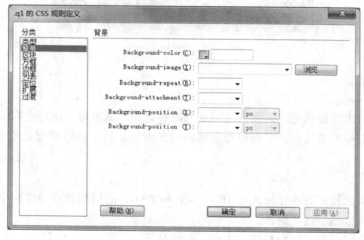

图 4.2.3　"背景"类别

① 背景颜色 Background-color：配置元素的背景颜色。两种浏览器都支持背景颜色属性。

② 背景图像 Background-image：配置元素的背景图像。两种浏览器都支持背景图像属性。

③ 重复 Background-repeat：定义是否重复以及怎样重复背景图像。两种浏览器都支持重复属性。

- "不重复"在元素开始处显示一次图像。
- "重复"在元素的后面水平和垂直平铺图像。
- "横向重复"和"纵向重复"分别显示图像水平带区和垂直带区。图像被剪辑以适合元素的边界。

④ 附件 background-attachment：确定背景图像是固定在它的原始位置还是随内容一起滚动。注意，某些浏览器可能将"固定"选项视为"滚动"。

⑤ 位置 Background-position(x,y)：水平位置和垂直位置，指定背景图像相对于元素的初始位置。这能够将背景图像和页面中央垂直和水平对齐。假如附件属性为"固定"，则位置相对于"文档"窗口而不是元素。

1）背景颜色

网页元素的背景颜色使用 Background-color 属性来设置，其属性值与文本颜色的取值一样，可使用预定义的颜色、十六进制#RRGGBB、RGB 代码 rgb(r,g,b)，默认为 transparent 透明，即子元素会显示其父元素的背景。

设置背景颜色的 CSS 代码如下：

```
h2{
    font-family:"微软雅黑";
    color:#FFF;
    background-color:#F00;        /*设置标题的背景颜色*/
}
```

2）背景图像

背景不仅可以设置为某种颜色，在 CSS 样式中，还可以将图像作为网页元素的背景，通过 Background-image 属性实现。

设置元素背景图像的 CSS 代码如下：

```
body{
    background-color:#CCC;        /*设置网页的背景颜色*/
    background-image:url(img/jianbian.jpg); /*设置网页的背景图像*/
}
```

3）背景图像平铺

默认情况下，背景图像会自动向水平和竖直两个方向平铺，如果不希望图像平铺，或者只沿着一个方向平铺，可以通过 Background-repeat 属性来控制，具体使用方法如下：

- repeat：沿水平和竖直两个方向平铺（默认值）。
- no-repeat：不平铺（图像位于元素的左上角，只显示一次）。
- repeat-x：只沿水平方向平铺。
- repeat-y：只沿竖直方向平铺。

设置元素背景图像的 CSS 代码如下：

```
body{
    background-color:#eef8ff;            /*更改网页的背景颜色*/
    background-image:url(img/jianbian.jpg); /*设置网页的背景图像*/
    background-repeat:repeat-x;          /*设置背景图像的平铺*/
}
h2{
    font-family:"微软雅黑";
    color:#FFF;
}
```

4）背景图像位置

如果希望背景图像出现在指定位置，就需要另一个 CSS 属性——Background-position，设置背景图像的位置。

在 CSS 中，Background-position 属性的值通常设置为两个，中间用空格隔开，用于定义背景图像在元素的水平和垂直方向的坐标，例如"right bottom"，默认为"0 0"或"top left"即背景图像位于元素的左上角。

Background-position 属性的取值有多种，具体如下：

① 使用不同单位（最常用的是像素 px）的数值：直接设置图像左上角在元素中的坐标，例如 Background-position:20px 20px。

② 使用预定义的关键字：指定背景图像在元素中的对齐方式。

- 水平方向值：left、center、right。
- 垂直方向值：top、center、bottom。

③ 使用百分比：按背景图像和元素的指定点对齐。

- 0% 0%：表示图像左上角与元素的左上角对齐。
- 50% 50%：表示图像 50% 50%中心点与元素 50% 50%的中心点对齐。
- 20% 30%：表示图像 20% 30%的点与元素 20% 30%的点对齐。
- 100% 100%：表示图像右下角与元素的右下角对齐，而不是图像充满元素。

设置元素背景图像位置的 CSS 代码如下：

```
body{
    background-image:url(img/wdjl.jpg);        /*设置网页的背景图像*/
    background-repeat:no-repeat;               /*设置背景图像不平铺*/
    background-position:50px 80px;             /*用像素值控制背景图像的位置*/
}
```

5）背景图像固定

在网页上设置背景图像时，随着页面滚动条的移动，背景图像也会跟着一起移动。如果希望背景图像固定在屏幕上，不随着页面元素滚动，可以使用 Background-attachment 属性来设置，其属性值如下：

- scroll：图像随页面元素一起滚动（默认值）。
- fixed：图像固定在屏幕上，不随页面元素滚动。

设置元素背景图像的 CSS 代码如下：

```
body{
    background-image:url(img/wdjl.jpg);   /*设置网页的背景图像*/
    background-repeat:no-repeat;          /*设置背景图像不平铺*/
    background-position:50px 80px;        /*用像素值控制背景图像的位置*/
    background-attachment:fixed;          /*设置背景图像的位置固定*/
}
```

【课堂练习 4.2.2】给文本添加背景图像，如图 4.2.4 所示，背景图像图不重复，位置在盒子右下角。

图 4.2.4　背景图像

HTML 代码如下：

```
<div class="box">
<h2 class="c_red">教育特色</h2>
<p> 孩子是祖国的未来和希望，</p>
<p>在发展幼教事业的过程中</p>
<p>我们不仅重视教育的方式和方法</p>
        </div>
```

CSS 代码如下：

```
.box{
    background-image: url(../images/main01_14.gif);
    background-repeat: no-repeat;
    background-position: right bottom;
    width: 300px;
    height: 200px;
}
```

3．CSS 精灵技术

1）需求分析

如图 4.2.5 所示为网页的请求原理，当用户访问一个网站时，需要向服务器发送请求，网页上的每张图像都要经过一次请求才能展现给用户。

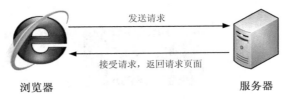

发送请求

接受请求，返回请求页面

浏览器　　　　　　　　　　　　　服务器

图 4.2.5　浏览网页原理

然而，一个网页中往往会应用很多小的背景图像作为修饰，当网页中的图像过多时，服务器就会频繁地接受和发送请求，这将大大降低页面的加载速度。为了有效地减少服务器接受和发送请求的次数，提高页面的加载速度，出现了 CSS 精灵技术（也称 CSS Sprites）。

简单地说，CSS 精灵是一种处理网页背景图像的方式。它将一个页面涉及的所有零星背景图像都集中到一张大图中去，然后将大图应用于网页，这样，当用户访问该页面时，只需向服务器发送一次请求，网页中的背景图像即可全部展示出来。通常情况下，这个由很多小的背景图像合成的大图被称为精灵图。

2）工作原理

CSS 精灵其实是将网页中的一些背景图像整合到一张大图中（精灵图）。然而，各个网页元素通常只需要精灵图中不同位置的某个小图，要想精确定位到精灵图中的某个小图，就需要使用 CSS 的 Background-image、Background-repeat 和 Background-position 属性进行背景定位，其中最关键的是使用 Background-position 属性精确地定位。例如：

```
.类名{ background:url("图像的位置") no-repeat -25px -64px;}
```

3）应用范围

CSS 精灵非常值得学习和应用，特别是页面有一堆 icon（图标）或者鼠标经过有图像变化时应用，能够减少网页 http 请求，加快页面加载速度，提高页面的性能。

【**课堂练习 4.2.3**】使用<a>标签，制作图 4.2.6 所示链接效果，采用 CSS 精灵效果将一张图像分割放置在两个 100×50 px 的链接盒子内，鼠标悬停时，链接图像换成图像的相应小图部分。

图 4.2.6　CSS 精灵技术下的鼠标悬停效果

① 先设置超链接样式，由于要通过高宽设置超链接的大小，所以要对链接进行 display 显示的修改，大小 100×50 px。

HTML 程序代码：

```
<a href="#" class="a1" ></a>
<a href="#" class="a2"></a>
```

CSS 程序代码：

```
a {
    display: inline-block;      /*链接转换为块元素并在一行内显示*/
    height: 50px;
    width: 100px;
    }
```

② 选择图像，使用背景图像属性将图 4.2.7 中的不同图块分别显示到两个链接中，如图 4.2.7 所示。

图 4.2.7　原图

```
/*设置第一个链接的背景图像*/
.a1{
    background-image: url(image/login.jpg);/*设置第一个链接的背景图像*/
    background-position: 0px 0px;
}
    /*设置第二个链接的背景图像*/
.a2 {
    width: 100px;
    background-image: url(image/login.jpg);
    background-position: -100px 0px;
}
```

③ 设置鼠标悬停效果，再次分割图像。

```
.a2:hover {
    background-image: url(image/login.jpg);
    background-position: -100px -50px;
}
.a1:hover {
    background-image: url(image/login.jpg);
    background-position: 0px -50px;
}
```

注意

行内元素转为块状元素的方法:

当 CSS 对行内元素定义 display: block;属性之后,这些行内元素会具有块状元素属性。设置 display:inline-block;属性之后,这些块状元素会依然会显示在一行内。

实施步骤

步骤 1:根据效果图 4.2.1,进行结构划分,HTML 程序代码如下:

```
<div id="nav">
    <a href="#" class="a1"></a> <a href="#" class="a2"></a> <a href="#"
class="a3"></a><a href="#" class="a4"></a>
    </div>
<div id="banner">
<img src="image/logo_enlighten.png" width="236" height="36" class="img1" />
</div>
```

步骤 2:设置导航样式。由于要通过高宽设置超链接的大小,所以要对链接进行 display 显示的修改,display: inline-block;单行块元素,有背景图像,使用 CSS 精灵技术,鼠标悬停显示图像第二部分,点击鼠标显示图像第三部分。CSS 程序代码如下:

```
/*设置链接的大小,背景图像,一行显示*/
a { display: inline-block;
        height: 50px;
        width:72px;
        background-image: url(../image/about.jpg);
        background-repeat: no-repeat;
    }
/*设置鼠标悬停时链接背景图像*/
a:hover {
    background-image: url(../image/about.jpg);
    background-repeat: no-repeat;
    background-position: 0px -50px;
}
/*设置鼠标点击时链接背景图像*/
a:active {
    background-image: url(../image/about.jpg);
    background-repeat: no-repeat;
    background-position: 0px -100px;
}
```

步骤 3:更改导航效果。四个链接图像效果不同,给第二、三、四个链接添加类选择器,修改图像和添加背景图像的盒子宽度,以及鼠标悬停和点击效果,然后分别给链接加上类选择器。CSS 程序代码如下:

```
/*设置第二个链接背景图像*/
.a2 {
    background-image: url(../image/contactus.jpg);
    background-repeat: no-repeat;
    width: 108px;
```

```
        background-position: 0px 0px;
}
/*设置第二个链接鼠标悬停时背景图像*/
.a2:hover {
        background-image: url(../image/contactus.jpg);
        background-repeat: no-repeat;
        background-position: 0px -50px;
}
/*设置第二个链接鼠标点击时背景图像*/
.a2:active {
        background-image: url(../image/contactus.jpg);
        background-repeat: no-repeat;
        background-position: 0px -100px;
}
/*设置第三个链接背景图像*/
.a3 {
        background-image: url(../image/portrolio.jpg);
        background-repeat: no-repeat;
        width: 95px;
        }
/*设置第三个链接鼠标悬停时背景图像*/
.a3:hover {
        background-image: url(../image/portrolio.jpg);
        background-repeat: no-repeat;
        background-position: 0px -50px;
}
/*设置第三个链接鼠标点击时背景图像*/
.a3:active {
        background-image: url(../image/portrolio.jpg);
        background-repeat: no-repeat;
        background-position: 0px -100px;
}
/*设置第四个链接背景图像*/
.a4 {
        background-image: url(../image/services.jpg);
        background-repeat: no-repeat;
        width: 85px;
        }
/*设置第四个链接鼠标悬停时背景图像*/
.a4:hover {
        background-image: url(../image/services.jpg);
        background-repeat: no-repeat;
        background-position: 0px -50px;
}
/*设置第四个链接鼠标点击时背景图像*/
.a4:active {
        background-image: url(../image/services.jpg);
        background-repeat: no-repeat;
        background-position: 0px -100px;
}
```

步骤 4：设置 banner 效果。一个背景大图，Logo 图像设置到固定位置。CSS 程序代码如下：

```
/*设置 lbanner 背景图像*/
#banner {
    height: 150px;
    background-image: url(../image/head.jpg);
}
/*设置 Logo 图像的位置*/
.img1 {
    float: right;
    margin-top: 58px;
    margin-right: 30px;
}
```

任务 4.3　使用 CSS 编辑导航栏

任务介绍

使用 CSS 样式修饰手机端新浪网个性的导航栏，如图 4.3.1 所示，网页的主体结构为上、中、下结构，顶部为标题文本，中部包括多个热点网站的链接按钮和多行分类网站导航链接，底部包括多个导航链接和版权信息，整体布局整齐，排列有序。

图 4.3.1　新浪网导航网页

任务分析

计算机网络具有信息容量巨大和信息种类丰富的特点，人们查看信息经常通过链接来完成。网页中的主要链接称为导航栏，好的导航栏可以让网站的易用性得到充分体现。在完成本任务的过程中掌握使用 HTML 构建导航栏结构，掌握使用 CSS 制作横向、纵向导航栏的方式，掌握如何使用 CSS 美化导航栏。

相关知识

1．什么是导航栏

导航栏是网页设计中不可缺少的部分，它是指通过一定的技术手段，为网站的访问者提供一定的途径，使其可以方便地访问到所需的内容，是人们浏览网站时可以快速从一个页面转到另一个页面的通道。利用导航栏，可以快速找到想要浏览的页面。

2．导航栏制作特点

导航栏是一个按照一定规则罗列的图文链接，为了能够更方便地编辑，我们可以将链接放在列表中。程序如下：

```
<nav><ul>
<li><a>…</a></li>
<li><a>…</a></li>
…
</ul></nav>
```

导航的关键在于 a 链接对象的样式控制，在这里使用 li a{}给 li 下的每一个 a 链接对象编写了样式。display:block 是这里的重点，它使得 a 链接对象的显示方式由一段文本改为一个块状对象，这样 a 链接对象能够像一个方块状按钮一样去运作，就可以使用 CSS 外边距、内边距等属性给 a 链接标签加上一系列的样式了。

3．导航的排列方式

导航栏在网页上可以水平放置，也可以垂直放置。在一个页面上可以添加几个导航栏。对导航栏按钮的尺寸、颜色、外观等都可以进行更改。在导航栏上可以显示当前页面的选定状态，可以对水平导航栏在一行中显示的链接数进行相关的设置。

【课堂练习 4.3.1】制作如图 4.3.2 所示的纵向导航栏。导航栏使用<nav>标签定义，导航链接有高宽设置，前面有小图标、下虚线边框，当鼠标悬停时背景颜色变成蓝色。

图 4.3.2　垂直导航栏

① 设置导航栏结构，通过列表设置导航栏的盒子效果，先要去掉列表自带的内外间距以及列表项前的标记

HTML 程序代码：

```
<nav><ul>
  <li><a href="#">公司首页</a></li>
  <li> <a href="#">公司简介</a></li>
  <li> <a href="#">产品介绍</a></li>
  <li> <a href="#">联系我们</a></li>
</ul></nav>
```

CSS 程序代码：

```
nav{
    width: 120px;
    margin: auto;
    padding: 10px;
}
ul {
    margin: 0px;
    padding: 0px;
    list-style-type: none;
}
```

② 设置链接效果，每个链接设置为一个块元素，链接按钮效果是下边框虚线，链接前面的图像标记采用背景图像的方式添加，鼠标悬停背景为深蓝色。

CSS 程序代码：

```
a { color:#666;
    text-decoration:none;                    /*去掉超链接默认的下画线*/
    margin-right:15px;
    background-image: url(images/ico.jpg);   /*设置图像标记*/
    background-repeat: no-repeat;            /*图像标记不重复*/
    background-position: 5px center;         /*设置图像标记位置*/
    padding-left: 20px;                      /*设置文本位置，把背景图像让出*/
    font-size: 12px;
    height: 20px;
    border-bottom: dashed 1px #999;          /*设置盒子下边框为虚线*/
    display: block;
    line-height: 20px;
}
a:hover {                                    /*鼠标悬停*/
    color:#CCC;                              /*文字白色*/
    background-color: #1B73A5;               /*添加背景色*/
}
```

在设计人员制作网页时，经常要求导航菜单能够在水平方向上显示。通过 CSS 属性的控制，可以实现列表模式导航菜单的横竖转换。

【课堂练习 4.3.2】将课堂练习 4.3.1 垂直导航转换成横向导航栏，如图 4.3.3 所示。

图 4.3.3　水平导航栏

CSS 程序代码：

```
nav{
    margin: auto;
    padding: 10px;
}
li {
    float: left;          /*导航栏横向排列*/
}
```

注意

导航栏设置时，CSS 代码基本按照<nav><ul><li><a>的程序顺序编辑，如果是垂直导航栏，<li>可以不设置，横向导航栏<li>采用 left 浮动。

实施步骤

步骤 1：新建外部 CSS 文件。新建文件"style.css"，设置 HTML 标签的通用效果，如取消内外边距，文字设置，列表无标记。

CSS 程序代码：

```
/*设置网页通用CSS效果*/
* {
    margin: 0px;
    padding: 0px;
}

body {
    font-family: "宋体";
    font-size: 12px;
}
ul,li{
    list-style:none
    }
```

步骤 2：设置头部。将新浪标题和图像放一行，调整图像的大小，为了美观还要设置一个下边框带有边框阴影效果。

HTML 程序代码：

```
<header>
  <img src="img/logo.png" width="151" height="71"><h3>新浪微博网</h3>
</header>
```

CSS 程序代码：

```
header {
    height: 49px;
    box-shadow:0 2px 4px #000;
}
header img {
    float: left;
    height: 49px;
```

```
    }
header h3 {
    font-size: 22px;
    line-height: 48px;
    text-align: center;
}
```

步骤 3：设置主体热点网站链接。采用无序列表来调整链接，图像使用<img>标签，宽度通过百分比调整，同时设置链接效果。

HTML 程序代码：

```
<section class="conter_nav" >
    <ul>
    <li><img src="img/baidu.png" width="32" height="32"><br>
    <a href= "#" >百度</a></li>
    ...
     </li> <li><img src="img/fshop.png" width="32" height="32"><br>
    <a href= "#" > 折 800</a>
    </li>
    </ul>
  </section>
```

CSS 程序代码：

```
.conter_nav {
    font-size: 12px;
    margin: auto;
    width: 96%;
}
.conter_nav ul li {
    display: inline-block;
    width: 16.67%;
    text-align: center;
    line-height: 35px;
    height: 90px;
    margin-top: 10px;
    margin-right: auto;
    margin-bottom: auto;
    margin-left: auto;
}
a {
    color: #333;
    text-decoration: none;
}
```

步骤 4：设置主体分类导航链接。同样采用无序列表来调整链接，设置无序列表中文字的大小，颜色，边框。

HTML 程序代码：

```
/*自调整列表的导航*/
<section class="nav-urls">
  <ul>
```

```
    <li><a href="#">新闻</a></li>
    <li><a href="#">房地资讯</a></li>
    <li><a href="#">新浪</a></li>
    </ul>
    <ul>
    <li><a href="#">财经</a></li>
    <li><a href="#">东方</a></li>
    <li><a href="#">和讯</a></li>
  </ul>
    <ul>
    <li><a href="#">汽车</a></li>
    <li<a href="#">>二手汽车</a></li>
    <li><a href="#">新浪汽车</a></li>
    </ul>
</section>
```

CSS 程序代码：

```css
.nav-urls ul li {
    font-size: 12px;
    line-height: 30px;
    text-align: center;
    display: inline-block;
    width: 20%;
    border-bottom-width: 1px;
    border-bottom-style: solid;
    border-bottom-color: #000;
    margin-bottom: 10px;
    margin-left: -5px;
}
```

步骤 5：设置底部内容。参考水平导航栏效果，设置为了美观可给背景盒子添加内阴影效果，同时设置版权信息文字效果。

HTML 程序代码：

```html
<footer>
  <nav class="box">
  <ul>
    <li><a href="#">首页</a></li>
    <li><a href="3">新闻</a></li>
    <li><a href="3">体育</a></li>
    <li><a href="3">娱乐</a></li>
    <li><a href="3">导航</a></li>
</ul>
</nav>
<p class="cop">Copyright &copy; 2013 Sohu.com</p>
</footer>
```

CSS 程序代码：

```css
.box {
    background-color: #666;
    text-align: center;
```

```
        box-shadow: 0 2px 4px #666 inset;
}
.box ul li {
        display: inline-block;
        padding: 5px;
}
.box ul li a {
        font-size: 16px;
        color: #FFF;
        text-decoration: none;
}
.cop {
        color: #666;
        font-size: 11.5px
}
```

任务 4.4　使用 CSS 美化表单

任务介绍

在任务 2.5 中，完成了注册页面 HTML 主体结构的制作，但界面不够美观，使用 CSS 样式对表单进行美化，设置表单项的位置、背景、大小，如图 4.4.1 所示。

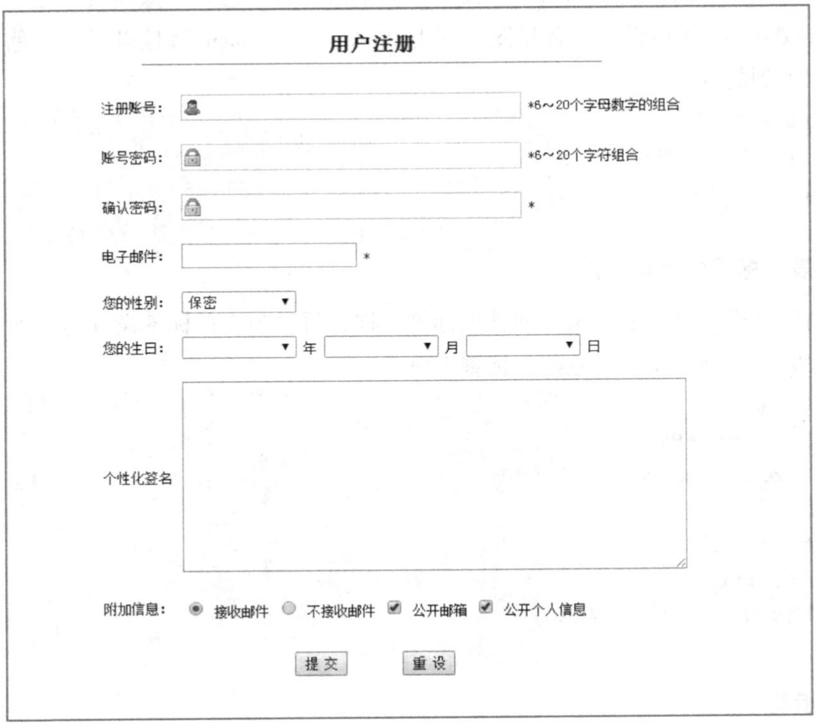

图 4.4.1　美化表单

任务分析

表单的修饰效果越来越多元，这也增加了网页的美化效果。在完成本任务过程中掌握使用 CSS 修饰表单标签边框样式、表单标签背景，以及改变表单标签的活动状态样式。

 相关知识

使用 CSS 可以改变表单文字、背景、某些输入框的样式等。CSS 对表单标签的修饰大致分为以下几类：修饰表单标签边框样式、修饰表单标签的背景、改变表单标签的活动状态。

1．修饰表单标签边框样式

和边框有关的属性是 border，border 样式属性几乎可以用在所有的表单标签上，我们可以用它来控制表单标签 4 个边的大小、线型、颜色。

```
.txt0 {
    width:264px;
    height:12px;
    border:1px solid #CCC;
    padding:3px 3px 3px 26px;
}
```

2．修饰表单的背景

有很多时候，网页由于颜色的搭配，需要对表单的背景颜色和图像样式进行设计。背景颜色利用 Background-color 属性设置，背景图像利用 Background-image 属性设置，颜色和图像的设置能够得到意想不到的效果

```
.txt0 {
color: #FFFFFF;
background-color: #000000;
}
```

3．改变表单标签的活动状态

伪类的用法这里不再重复介绍，和其他标签一样，可以为表单标签设置两种状态的样式：一种是普通状态时；一种是将鼠标悬停在标签上时。

```
.txt0 {
color: #FFFFFF;
background-color: #000000;
}
.txt0:hover{
color: #000
background-color: #CCC;
}
```

 实施步骤

步骤 1： 打开已有网页任务 2.5，对网页添加 CSS 样式。

步骤 2：设置盒子效果，居中，边框为灰色。

CSS 程序代码：

```
body,h2,form,table{ padding:0; margin:0; border:0;}
#box{                    /*控制最外层的大盒子*/
    width:660px;
    height:600px;
    border:1px solid #CCC;
    padding:20px;
    margin:50px auto 0;
    font-size: 12px;
}
```

步骤 3：设置表格效果，单元格高度下边距 20 px，文本右对齐。

CSS 程序代码：

```
td{ padding-bottom:20px;}
td.left{
    width:78px;
    text-align:right;          /*使提示信息居右对齐*/
    padding-right:8px;         /*拉开提示信息和表单控件间的距离*/
}
.red{ color:#F00;}             /*控制提示信息中星号的颜色*/
```

步骤 4：设置 name 分别为 username、password、repassword 的三个文本框的样式，有不重复的背景图像，鼠标悬停效果的具体表现背景变为蓝色。

CSS 程序代码：

```
.txt01,.txt02{              /*定义前两个单行文本框相同的样式*/
    width:264px;
    height:12px;
    border:1px solid #CCC;
    padding:5px 5px 5px 26px;
    font-size:12px;
    color:#949494;
}
.txt01{                     /*定义第一个单行文本框的背景图像*/
    background-image: url(image/1.jpg);
    background-repeat: no-repeat;
    background-position: 2px center;
}
.txt02{                     /*定义第二个单行文本框的背景图像*/
    background-image: url(image/2.jpg);
    background-repeat: no-repeat;
    background-position: 2px center;
}
.txt01:hover,.txt02:hover
```

```
        {
                background-color: #39F;
        }
        .txt03{                         /*定义第三个单行文本框的样式*/
                width:122px;
                height:12px;
                padding:3px 3px 3px 26px;
                font-size:12px;
                background-image: url(image/email.png);
                background-repeat: no-repeat;
                background-position: 2px center;
        }
```

步骤 5：设置下拉菜单的宽度。

CSS 程序代码：

```
        .course{
        width:100px;
        }
```

步骤 6：设置多行文本框的样式。

CSS 程序代码：

```
        .message{                       /*定义多行文本框的样式*/
                width:432px;
                height:164px;
                font-size:12px;
                color:#949494;
                padding:3px;
        }
```

项目总结

本项目主要介绍了网页内容的设置，包括文本输入和效果编辑、图像和表单的应用等，同时，又介绍了如何设置导航栏效果，应注意以下几点：

- 设置网页文本，注意段落、列表的编辑。
- 网页插入图像时，一定要确保源图像位于站点中。
- 设置背景图像，注意图像与列表的显示。
- 导航栏编辑，灵活使用样式美化网页，同时注意编辑样式时要选择外部样式。
- 表单的美化，注意表单动态编辑效果。

课 后 练 习

为下图添加图像文本，同时注意文本的样式编辑。

课后练习图

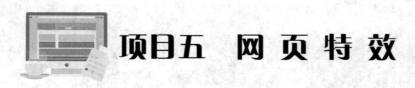

项目五 网页特效

项目导读

网页特效是用程序代码在网页中实现的特殊效果或者特殊功能的一种技术，是用网页脚本 JavaScript、VBScript 来编写的，可以制作出特殊动态效果，比如下拉菜单、图片平滑无缝移动等，活跃了网页的气氛。

知识目标

- 了解 JavaScript 概念。
- 掌握在网页中调用 JavaScript 特效代码。
- 掌握对 JavaScript 特效代码的编辑与应用。

能力目标

- 了解 JavaScript 概念。
- 能够在网页中应用 JavaScript 特效代码。
- 能够制作简单网页特效。

重点与难点

- 在网页中应用 JavaScript 特效代码。
- 制作简单网页特效。

任务 5.1　使用 JavaScript 实现网页

任务介绍

利用 JavaScript 实现显示文本网页，如图 5.1.1 所示，对 JavaScript 有一个简单认识。

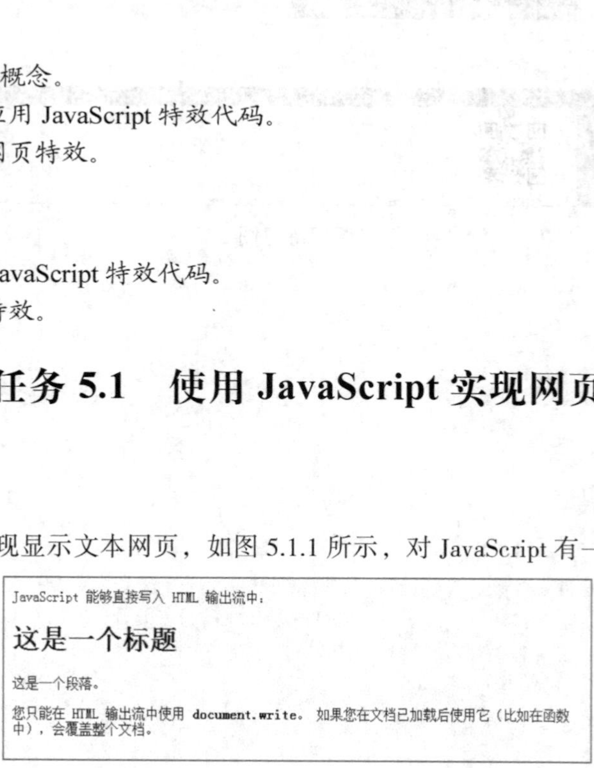

JavaScript 能够直接写入 HTML 输出流中：

这是一个标题

这是一个段落。

您只能在 HTML 输出流中使用 document.write。如果您在文档已加载后使用它（比如在函数中），会覆盖整个文档。

图 5.1.1　一个简单的 JavaScript 显示文本页

任务分析

JavaScript 类似 C++和 Java 等的基本对象语言，它与 CSS 配合应用可以实现很多动态的网页效果。本任务主要目的让学生了解什么是 JavaScript，了解 JavaScript 的基本应用方法，掌握如何在网页中调用 JavaScript 脚本代码。

 相关知识

1．JavaScript 概述

JavaScript 是一种基于对象和事件驱动，并具有相对安全性的客户端脚本语言，同时也是一种广泛用于客户端 Web 开发的脚本语言，常用来给 HTML 网页添加动态功能，比如响应用户的各种操作。JavaScript 最初是受 Java 启发而开始设计的，目的之一就是"看上去像 Java"，因此语法上有类似之处，一些名称和规范也来源于 Java。

JavaScript 是一种新的描述语言，它可以被嵌入 HTML 的文件之中，其开发环境很简单，不需要 Java 编译器，可以直接运行在客户端浏览器。JavaScript 是依赖于浏览器本身，与操作环境无关，只要能运行浏览器的计算机并支持 JavaScript 的浏览器，就可正常执行。目前大多数浏览器都支持 JavaScript。

JavaScript 是基于对象的语言，安全简单，用于向 HTML 页面添加交互行为，利用它可以完成以下任务：

- 读写 HTML 元素：JavaScript 程序可以读取及改变当前 HTML 页面内某个元素的内容。
- 验证用户输入的数据：在数据被提交到服务器之前验证这些数据。
- 响应事件：页面加载完成或者单击某个 HTML 元素时，调用指定的 JavaScript 程序。
- 检测访问者的浏览器：根据所检测到的浏览器，为这个浏览器载入相应的页面。
- 创建 cookies：存储和取回位于访问者计算机中的信息。

2．在网页中调用 JavaScript

1）在 HTML 标签内添加脚本语句

脚本语句可以嵌入在 HTML 标签内，以响应输入的事件。

```
<span onClick="JavaScript: alert("hi")">点击</span>
```

2）在 HTML 标签内添加脚本代码段

JavaScript 的脚本程序包含在 HTML 中，可以放在页面的任何位置，它在页面中的位置决定了什么时候装载脚本，如果希望在其他所有内容之前装载脚本，就要确保脚本在页面的 `<head></head>`之间。其语法格式为：

```
<script language="JavaScript">
JavaScript 语言代码;
…
</script>
```

3）引用脚本文件

如果网页中要引用的脚本存放在一个文件中，这个文件以.js 为扩展名，则在网页调用时，使用`<script>`标记的 src 属性来引用这个外部脚本文件。采用引用脚本文件的方式，可以提高程序代码的利用率，引用的语句通常放在<head></head>中，引用格式为：

```
<script type="text/javascript" src="脚本文件名.js"></script>
```

 实施步骤

步骤 1：建立一个简单的文字网页。

步骤 2：在 HTML 标签内添加脚本代码段。

HTML 程序代码：

```
<!DOCTYPE html>
<html>
<head>
<meta charset="utf-8">
<title>菜鸟教程(runoob.com)</title>
</head>
<body>
<p>
JavaScript 能够直接写入 HTML 输出流中：
</p>
<script>
document.write("<h1>这是一个标题</h1>");
document.write("<p>这是一个段落。</p>");
</script>
<p>
您只能在 HTML 输出流中使用 <strong>document.write</strong>。
如果您在文档已加载后使用它（比如在函数中），会覆盖整个文档。
</p>
</body>
</html>
```

任务 5.2 制作树形菜单

任务介绍

采用在 HTML 标签内添加脚本语句的方式使用 JavaScirpt 和 CSS 实现树形菜单的制作，单击一级目录显示二级目录，如图 5.2.1 所示。

（a）　　　　　　　　　　　（b）

图 5.2.1　树形菜单

任务分析

导航其实就是整个网站的心脏，优化的结构能够影响整站的权重传递。本任务主要采用 JavaScirpt 和 CSS 的方式制作精美的导航菜单，让学生了解鼠标事件应用方式，掌握通过 CSS 样式的 display 设置盒子显示和隐藏的方式。

 相关知识

JavaScript 使我们有能力创建动态页面。事件是可以被 JavaScript 侦测到的行为。网页中的每个元素都可以产生某些可以触发 JavaScript 函数的事件。事件在 HTML 页面中定义，表 5.2.1 所示为常用事件描述。

表 5.2.1 常用事件描述

属　　性	当以下情况发生时，出现此事件
onchange	用户改变域的内容
onclick	鼠标点击某个对象
onfocus	元素获得焦点
onkeydown	某个键盘的键被按下
onkeypress	某个键盘的键被按下或按住
onkeyup	某个键盘的键被松开
onload	某个页面或图像被完成加载
onmousedown	某个鼠标按键被按下
onmousemove	鼠标被移动
onmouseout	鼠标从某元素移开
onmouseover	鼠标被移到某元素之上
onmouseup	某个鼠标按键被松开
onreset	重置按钮被点击
onresize	窗口或框架被调整尺寸
onselect	文本被选定
onsubmit	提交按钮被点击
onunload	用户退出页面

实施步骤

步骤 1：构建结构图。在网页输入一个列表，文本内容如图 5.2.1（a）所示，作为一级菜单，给 5.2.1（a）中的每个列表项分别添加一个嵌入列表，列表内文本添加链接，如图 5.2.1（b）所示，作为二级菜单。

步骤 2：设置 CSS 样式。首先设置通用属性，如标签消除内外边距，将列表项标识去掉，然后设置一级菜单的宽度 154 px、颜色#2170a8，对每个列表项文本设置高、宽、鼠标效果然后设置二级菜单的每个列表中列表项效果和链接效果。

步骤 3：在 HTML 标签内添加脚本语句。现将二级菜单隐藏，设置 display:none，设置 onClick 事件，判断鼠标点击一级菜单时显示或隐藏它的子菜单。

HTML 程序代码：

```
<ul class="box">
 <li id="main1" onClick="document.all.child1.style.display=(document.
all.child1.style.display =='none')?'':'none'" > + 校园文化</li>
  <li id="child1" style="display:none">
   <ul>
    <li><a href="#" target="mainFrame">- 我爱我系</a></li>
    <li><a href="#" target="mainFrame">- 美丽滨海</a></li>
    <li><a href="#" target="mainFrame">- 焦点图</a></li>
   </ul>
  </li>

  <li id="main2" onClick="document.all.child2.style.display=(document.
all.child2.style.display =='none')?'':'none'" > + 作品展示 </li>
  <li id="child2" style="display:none">
   <ul>
    <li><a href="#" target="mainFrame">- 平面设计</a></li>
    <li><a href="#" target="mainFrame">- 网页设计</a></li>
    <li><a href="#" target="mainFrame">- 智慧家居</a></li>
    <li><a href="#" target="mainFrame">- 其他设计</a> </li>
   </ul>
  </li>
  <li id="main3" onClick="document.all.child3.style.display=(document.
all.child3.style.display =='none')?'':'none'" > + 学生风采</li>
  <li id="child3" style="display:none">
   <ul>
    <li><a href="#">- 最美女孩</a></li>
    <li><a href="#">- 智勇男生</a></li>
    <li><a href="#">- 聚焦人物</a></li>
   </ul>
  </li>
 </ul>
```

CSS 程序代码：

```
ul {
    padding:0;
    margin:0;
    list-style-type: none;
}
body {
    font-size: 12px;
    color: #FFF;
}
#main1, #main2, #main3 {                        /*设置一级目录文字背景效果*/
    height:36px;
    line-height:28px;
    cursor:pointer;                             /*设置鼠标指针效果*/
```

```
        background-color: #2170a8;              /*设置一级目录盒子背景颜色*/
        text-align: center;                     /*设置一级目录文字居中*/
        background-image: url(images/sub03bg.jpg);
                                                /*设置一级目录背景图片*/
        background-repeat: no-repeat;
        background-position: 0px bottom;
        margin-right: 10px;
        margin-left: 10px;
}
#child1, #child2, #child3 {                     /*设置二级目录效果*/
        width:154px;
        list-style-type: none;
        text-align: center;
        padding-left: 0px;
}
.box {
        background-color: #2170a8;
        width: 154px;
        border-radius:15px;
}
#child1 ul li, #child2 ul li, #child3 ul li {
                                                /*设置二级目录文字行高效果*/

        padding-left:10px;
        line-height:180%;
        width: 120px;
        margin-right: 10px;
        margin-left: 10px;
}
#child1 ul li a, #child2 ul li a, #child3 ul li a {
                                                /*设置二级目录链接文字效果*/

        color:#FFF;
        text-decoration: none;
        background-color: #2d7bb3;
        display: block;
        width: 120px;
}
```

任务 5.3　制作页面 Tab 选项卡切换效果

任务介绍

使用 JavaScirpt 和 CSS 制作触屏滑动的 tab 选项卡切换效果，如图 5.3.1 所示，鼠标滑过标题，下面窗口显示相应内容。

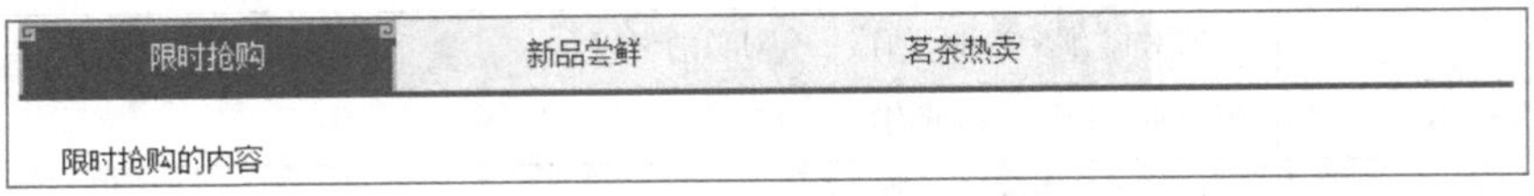

（a）

图 5.3.1　Tab 选项卡切换效果

（b）

图 5.3.1 Tab 选项卡切换效果（续）

 任务分析

Tab 选项卡切换效果既节约了网页空间，又增强了网页动态效果，是当前网页常用的特效方式。本任务主要学习 JavaScirpt 和 CSS 制作 tab 选项卡效果，掌握 document 对象的应用、JavaScript 外部程序的调用方式、JavaScript 结合鼠标事件对页面元素属性动态操作的相关技巧。

 相关知识

在浏览器中，与用户进行数据交换都是通过客户端的 JavaScript 代码来实现的，而完成这些交互工作大多数是 document 对象及其部件进行的，因此 document 对象是一个比较重要的对象。

提示

document 对象是 Window 对象的一部分，可通过 window.document 属性对其进行访问。

document 对象主要属性如表 5.3.1 所示。

表 5.3.1　document 对象属性

属　　性	描　　　　　述
body	提供对 <body> 元素的直接访问 对于定义了框架集的文档，该属性引用最外层的 <frameset>
cookie	设置或返回与当前文档有关的所有 cookie
domain	返回当前文档的域名
lastModified	返回文档被最后修改的日期和时间
referrer	返回载入当前文档的文档的 URL
title	返回当前文档的标题
URL	返回当前文档的 URL

document 对象的方法如表 5.3.2 所示。

表 5.3.2　document 对象方法

方　　法	描　　　　　述
close()	关闭用 document.open() 方法打开的输出流，并显示选定的数据
getElementById()	返回对拥有指定 id 的第一个对象的引用
getElementsByName()	返回带有指定名称的对象集合
getElementsByTagName()	返回带有指定标签名的对象集合
open()	打开一个流，以收集来自任何 document.write() 或 document.writeln() 方法的输出

续表

方　法	描　　　　　　述
write()	向文档写 HTML 表达式或 JavaScript 代码
writeln()	等同于 write()方法，不同的是在每个表达式之后写一个换行符

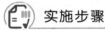 **实施步骤**

步骤 1：构建结构图。在网页输入一个盒子，设置 3 个窗口效果，分别由标题 3 和 div 组成，标题显示，而 div 做成的窗口只显示一个，如图 5.3.1（a）所示。

HTML 程序代码：

```
<div id="cen_right_top">
    <h3 class="active">限时抢购</h3>
    <h3>新品尝鲜</h3>
    <h3>茗茶热卖</h3>
    <div style="display:block">限时抢购的内容</div>
    <div>新品尝鲜的内容</div>
    <div>茗茶热卖的内容</div>
</div>
```

步骤 2：设置 CSS 样式。首先设置通用属性，如标签消除内外边距，将列表项标识去掉，链接图片消除边框等，然后设置切换窗口的标题效果及窗口显示效果。

CSS 程序代码：

```
* {                             /*取消内外边框，列表标记*/
    margin:0;
    padding:0;
    list-style-type:none;
}
a, img {                        /*取消链接，图片边框*/
    border:0;
}
body {                          /*文本大小，字体*/
    font:12px/180% Arial, Helvetica, sans-serif, "新宋体";
}
#cen_right_top {                /*设置整个窗口的显示位置大小*/
    width:720px;
    margin:40px auto 0 auto;
}
#cen_right_top  .active {       /*设置切换窗口背景图片*/
    background:url(images/qiehuan.jpg) no-repeat;
    color:#F3F3F3;
}
#cen_right_top  h3 {            /*设置切换窗口标题效果*/
    line-height:35px;
    text-align:center;
    float:left;
    height:35px;
    width:182px;
margin::0px;
```

```
        padding:0px;
        background-color:#F3F3F3;
        font-size:14px;
        color:#333333;
        font-weight:lighter;
        cursor:pointer;
}
#cen_right_top div {                    /*设置切换窗口的大小，边框*/
        font-size:14px;
        display:none;
        clear:both;
        height:100px;
        padding:20px 0px 0px 20px;
        border-top-width:medium;
        border-top-style:solid;
        border-top-color:#A0603D;
}
```

步骤 3：制作外部脚本文档。设置一个窗口加载函数，当鼠标滑过窗口标题时显示该窗口内容，如图 5.3.1（b）所示。

JavaScript 程序代码：

```
window.onload=function()
{
        var oTab=document.getElementById("cen_right_top");//获取窗口元素
        var aH3=oTab.getElementsByTagName("h3");
                                        //获取窗口中的 h3 标签元素集合
        var aDiv=oTab.getElementsByTagName("div");
                                        //获取窗口中的 div 标签元素集合
        for(var i=0;i<aH3.length;i++)          //循环判断切换窗口
        {
                aH3[i].index=i;
                aH3[i].onmouseover=function()    //鼠标滑过显示 div
                {
                        for(var i=0;i<aH3.length;i++)
                        {
                                aH3[i].className="";
                                aDiv[i].style.display="none";
                        }
                        this.className="active";         //设置 div 显示效果
                        aDiv[this.index].style.display="block";
                }
        }
}
```

*任务 5.4　制作图片跑马灯效果

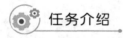 任务介绍

使用 JavaScript 和 CSS 样式结合方式实现跑马灯效果，图片自左向右无缝滚动，如图 5.4.1

所示。

图 5.4.1　跑马灯效果

 任务分析

JavaScript 和 CSS 样式结合制作的跑马灯是一种很吸引眼球的特效，网页中图片的动态效果常常使用这种方式。本任务主要使用 JavaScript 程序设置图片，应掌握 JavaScript 程序设置元素滚动。

 相关知识

1. marquee 实现滚动效果

使用 marquee 标记不仅可以移动文字，也可以移动图片、表格等。

语法：<marquee>...</marquee>

① direction 表示滚动的方向，值可以是 left、right、up、down，默认为 left。

② behavior 表示滚动的方式，值可以是 scroll（连续滚动）、slide（滑动一次）、alternate（来回滚动）。

③ loop 表示循环的次数，值是正整数，默认为无限循环。

2. setInterval() 方法

setInterval()是一个实现定时调用的函数，可按照指定的周期（以毫秒计）来调用函数或计算表达式。setInterval 方法会不停地调用函数，直到 clearInterval 被调用或窗口被关闭。

语法：

```
setInterval(code, milliseconds)
setInterval(function, milliseconds ,param1, param2, ...)
```

setInterva()函数的参数含义如表 5.4.1 所示。

表 5.4.1　setInterval 参数

参　　数	描　　述
code/function	必须。要调用一个代码串，也可以是一个函数
milliseconds	必须。周期性执行或调用 code/function 之间的时间间隔，以毫秒计
param1, param2, ...	可选。传给执行函数的其他参数（IE9 及其更早版本不支持该参数）

 实施步骤

步骤 1：建结构图。确定图片的显示位置及大小，设置图片滚动范围为 indemo，其中 demo1

容器为图片的开始效果，demo2 容器为防止图片滚动时会出现空白的区域。

HTML 程序代码：

```
<div id="demo">
<div id="indemo">
<div id="demo1">
<div><a href="#"><img src="image/wall_s1.jpg" border="0" /></a>
  <p><a href="#" target="_blank">风景美如画</a></p>
</div>
<div><a href="#"><img src="image/wall_s2.jpg" border="0" /></a><p><a
href="#" target="_blank">风景美如画</a></p>
</div>
<div><a href="#"><img src="image/wall_s3.jpg" border="0" /></a><p><a
href="#" target="_blank">风景美如画</a></p>
</div>
<div><a href="#"><img src="image/wall_s4.jpg" border="0" /></a><p><a
href="#" target="_blank">风景美如画</a></p>
</div>
<div><a href="#"><img src="image/wall_s5.jpg" border="0" /></a><p><a
href="#" target="_blank">风景美如画</a></p>
</div>
<div><a href="#"><img src="image/wall_s6.jpg" border="0" /></a><p><a
href="#" target="_blank">风景美如画</a></p>
</div>
</div>
<div id="demo2"></div>
</div>
</div>
<script language="javascript" src="js/gundong.js"></script>
```

步骤 2：设置 CSS 样式。首先设置通用属性，如标签消除内外边距，然后设置图片显示盒子的大小，即图片滚动的显示范围，最后设置链接效果。

CSS 程序代码：

```
body {
    margin: 0px;
    padding: 0px;
}
*{ padding:0;
    margin: 0px;
}
#demo {                              /*设置跑马灯图片显示位置*/
background: #FFF;
overflow:hidden;                     /*溢出隐藏*/
border: 1px dashed #CCC;
width: 600px;
}
#demo div{float: left;}              /*水平排列*/
#demo img {                          /*图片边框效果*/
border: 3px solid #F2F2F2;
}
#indemo {                            /*图片滚动范围*/
```

```
float: left;
width: 800%;
}
#demo1 {
float: left;
}
#demo2 {
float: left;
}
a{                          /*链接文字效果*/
    font-size: 12px;
    color: #000;
    text-decoration: none;
    text-align: center;
    display: block;
}
```

步骤 3：制作外部脚本文档。设置图像无缝滚动效果。

JavaScirpt 程序代码：

```
var speed=10;
var tab=document.getElementById("demo");          //获取 demo 盒子元素
var tab1=document.getElementById("demo1");        //获取 demo1 盒子元素
var tab2=document.getElementById("demo2");        //获取 demo2 盒子元素
tab2.innerHTML=tab1.innerHTML;                    //克隆 demo1 和 demo2
function Marquee(){
if(tab2.offsetWidth-tab.scrollLeft<=0)   //当滚动至 demo1 与 demo1 交界时，
tab.scrollLeft-=tab1.offsetWidth            // demo 跳到最顶端
else{
tab.scrollLeft++;}}
var MyMar=setInterval(Marquee,speed);     //设置定时器
tab.onmouseover=function() {clearInterval(MyMar)};
                                          //鼠标移上时清除定时器达到滚动停止
tab.onmouseout=function() {MyMar=setInterval(Marquee,speed)};
                                          //鼠标离开时继续运动
```

项目总结

本项目主要介绍了网页特效概念以及网页特效在 HTML 文档中的调用方法。通过学习学生能够达到以下目标：

- 能够在网页中调用特效脚本。
- 能够根据页面需求对特效脚本进行一定的编辑。
- 能够应用 JavaScript 语言编写简单的脚本特效。

课 后 练 习

利用所学的知识制作一个有跑马灯的网页。

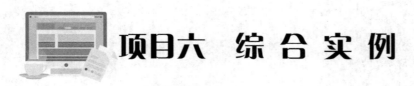

项目六 综合实例

项目导读

在制作网站的过程中，为了统一风格，很多页面会用到相同的布局、图片和文字元素。为了避免大量的重复劳动，可以使用 Dreamweaver 提供的模板功能，将具有相同版面结构的页面制作为模板，然后应用模板制作网站。

知识目标

- 创建模板，定义可编辑区域。
- 模板的应用。
- 模板内容的更新。

能力目标

- 能够灵活使用模板。
- 能够合理使用模板来编辑网站。

重点与难点

模板的创建与应用。

任务 6.1 模板在网站中的应用

任务介绍

定义网页模板（Template），网页头主要由 Logo、导航栏构成，网页尾包含一些版本号、副导航，如图 6.1.1 所示，网页头尾相同，设置锁定，内容设置成可编辑区域。

图 6.1.1 网站页面

任务分析

网站中的每个链接页面，其头尾相同，只是具体内容不同，这就可以使用模板来制作。同时，如果网站模板内信息有更新，也方便整个网站的更新。学习本任务应掌握模板的编辑方法、不可编辑区域的基本内容编辑、模板的更新方式。

相关知识

1．创建模板

模板的创建有三种方式。在建立网页模板之前，需要先在 Dreamweaver 文件窗口/管理站点中配置好本地站点，这样 Dreamweaver 才能管理本地站点的资源。

1）直接创建模板

可以从空白 HTML 文档开始创建模板。如图 6.1.2 所示，打开"资源"面板，单击"新建"按钮创建一个模板。

图 6.1.2　资源面板

> ⓘ **注意**
>
> 　　不要将模板文件移出 Templates 文件夹之外或将其他非模板文件移入 Templates 文件夹中。另外，也不要将 Templates 文件夹移动到本地站点根目录外，否则将引起模板中的路径错误。

2）将普通网页另存为模板

打开一个已经制作完成的网页，删除网页中不需要的部分，保留几个网页共同需要的区域。单击菜单"文件"→"另存为模板"命令，将网页另存为模板。

在弹出的"另存模板"对话框中，如图 6.1.3 所示，"站点"下拉列表框用来设置模板保存的站点，选择一个选项。"现存的模板"选框显示了当前站点的所有模板。"另存为"文本框用来设置模板的命名。单击"另存模板"对话框中的"保存"按钮，就把当前网页转换为了模板，同时将模板另存到选择的站点。

图 6.1.3　"另存为模板"对话框

3）从文件菜单新建模板

单击菜单"文件"→"新建"命令，打开"新建文档"对话框，然后在类别中选择"空模板"，并选取相关的模板类型，如图 6.1.4 所示，直接单击"创建"按钮即可。

2. Dreamweaver 定义可编辑区域

模板创建好后，要在模板中建立可编辑区。只有在可编辑区里，才可以编辑网页内容。可以将网页上任意选中的区域设置为可编辑区域，但是最好是基于 HTML 代码的，这样在制作的时候更加清楚。

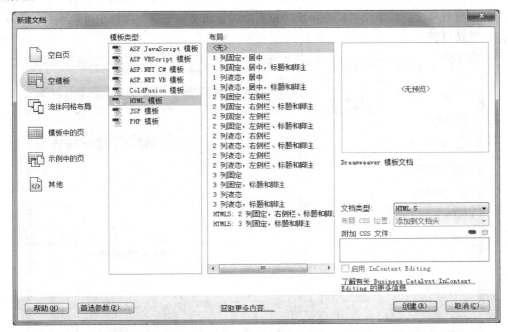

图 6.1.4 新建模板

在文档窗口中，选中需要设置为可编辑区域的部分，单击常用快捷栏的"模板"按钮，在弹出菜单中选择"可编辑区域"项。模板中除了可以插入最常用的"可编辑区域"外，还可以插入一些其他类型的区域，分别为"可选区域""重复区域""可编辑可选区域""重复表格"。下面对前 3 种类型进行说明。

1）可选区域

可选区域是模板中的区域，用户可将其设置为在基于模板的文件中显示或隐藏。当要为在文件中显示的内容设置条件时，即可使用可选区域。

2）重复区域

重复区域是可以根据需要在基于模板的页面中赋值任意次数的模板部分。重复区域通常用于表格，也可以为其他页面元素定义重复区域。

3）可编辑可选区域

可编辑可选区域是可选区域的一种，可以设置显示或隐藏所选区域，并且可以编辑该区域中的内容。

3. 模板的应用

模板并不是网页，新建首页时可以直接选择已有模板进行创建，如图 6.1.5 所示，单击菜单"文件"→"新建"，打开"新建文档"对话框，在文档类型中选择"模板中的页"，在站点中选择

"金苹果幼儿园"模板页。单击"创建"按钮，使用模板创建的网页文档便出现在文档编辑窗口中，该网页中除了可编辑区域外都是不可修改的，即可在模板基础上编辑新网页。

4．更新模板

模板可以更新。例如，改变可编辑区域和不可编辑区域，改变可编辑区域的名字，更换页面的内容等。更新模板后，系统可以将由该模板生成的页面自动更新。当然也可以不自动更新，以后由用户手动更新。

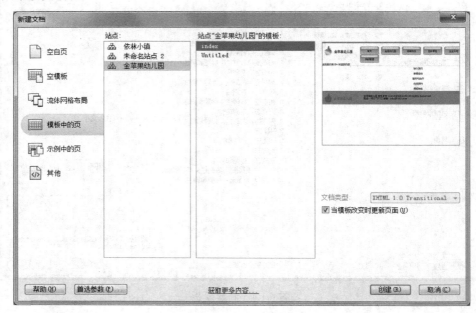

图 6.1.5　打开模板页

1）自动更新

①　单击菜单"文件"→"打开"菜单命令，弹出"打开"对话框，选中"Templates"文件夹内要更新的模板（此模板已经有网页使用了），例如"fam1.dwt"，然后单击"打开"按钮，打开选中的模板文件。

②　进行模板内容的更新，例如，改变页面布局、输入文字、插入图像、删除文字、删除插入的图像、新增可编辑区、删除可编辑区等。

③　单击菜单"文件"→"保存"菜单命令，保存模板，此时会弹出"更新模板文件"对话框，如图 6.1.6 所示。提示用户是否更新使用了该模板的网页。单击"不更新"按钮，则不自动更新，有待以后手动更新。单击"更新"按钮，则会自动更新相关的所有网页。

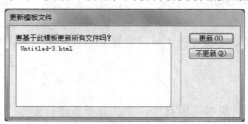

图 6.1.6　更新面板

④ 在保存更新后的模板文件后，不管是否更新了模板文件，"资源"（模板）面板内相应的模板都会随之更新。

⑤ 单击选中"更新模板文件"对话框内要更新的网页名字，再单击"更新"按钮，可自动完成选定文件的更新。同时会弹出一个"更新页面"对话框。选中该对话框内的"显示记录"复选框，可以展开"状态"栏，在它的"状态"栏中会列出更新的文件名称、检测文件的个数、更新文件的个数等信息。

⑥ 在"更新页面"对话框中的"查看"下拉列表框内选择"整个站点"选项，则其右边会出现一个新的下拉列表框。在新的下拉列表框内选择站点名称，如图 6.1.7 所示。单击"开始"按钮，即可对选定的站点进行检测和更新，并给出检测报告。另外，在更新模板的同时没有更新相关网页的情况下，单击菜单"修改"→"模板"→"更新页面"菜单命令，可以调出"更新页面"对话框。在"查看"下拉列表框内选择"文件使用"选项，则其右边会出现一个新的下拉列表框。在新的下拉列表框内选择模板名称，单击"开始"按钮，即可更新使用该模板的所有网页。

图 6.1.7 更新页面

2）手动更新

打开要更新的网页文档，单击菜单"修改"→"模板"→"更新当前页"菜单命令，即可将打开的页面按更新后的模板进行更新。

5. 模板分离

有时希望网页不再受模板的约束，这时可以单击菜单"修改"→"模板"→"从模板中分离"菜单命令，使该网页与模板分离。分离后页面的任何部分都可以自由编辑，并且修改模板后，该网页也不会再受影响。

实施步骤

步骤 1：确定网站结构。在任务 1.1 中我们为"金苹果幼儿园"绘制了网站结构图，从而确定了网站导航，根据图 6.1.1 可以分析出网站相同部分为网站头、网站尾，建立模板，命名为 index.dwt。

步骤 2：根据分析，画出模板页结构图，如图 6.1.8 所示。

Header:1020×80

Logo180×80	nav

Footer1020×102

1020×28	
180×74	

图 6.1.8 模板结构图

步骤 3：网页头制作。网页头主要由 Logo 与导航构成，根据结构图写出结构代码。

HTML 程序代码：

```html
<header class="header">
  <div class="logo"></div>
  <nav class="nav">
    <ul>
      <li><a href="#">首页</a></li>
      <li><a href="3">走进幼儿园</a></li>
      <li><a href="3">新闻动态</a></li>
      <li><a href="#">园本课程</a></li>
      <li><a href="3">宝宝天地</a></li>
      <li><a href="#">家园共育</a></li>
    </ul>
  </nav>
</header>
```

步骤 4：建立外部 CSS 样式。先设置通用的一些标签属性，如标签取消内外边距，整体文本样式，大小，去除列表标记等。

CSS 程序代码：

```css
/*通用标签设置*/
* {
    margin: 0px;
    padding: 0px;
}
body {
    font-size: 12px;
    font-family: Verdana, Geneva, sans-serif;
}
a {
    color: #000;
    text-decoration: none;
}
ul {
    list-style-type: none;
}
```

步骤 5：网页头设置。根据结构图给出数据，设置页头盒子大小、Logo 位置。

```css
.header {                          /*网页头标签设置*/
    border-top-width: 5px;
    border-top-style: solid;
    border-top-color: #8bc208;
    margin: auto;
    width: 1020px;
    height: 80px;
}
.logo {                            /*网页头 logo 标签设置*/
    background-image: url(../images/logo.jpg);
    background-repeat: no-repeat;
    background-position: center center;
    height: 80px;
    width: 180px;
    float: left;
}
```

步骤 6：导航设置。对于水平导航栏，li 标签设置 float：left，a 标签 display：block，背景为图片，鼠标悬停有图片效果变化效果。

```css
.nav {
    float: left;
    height: 60px;
    width: 800px;
    line-height: 80px;
    padding-left: 20px;
    padding-top: 20px;
}
.nav ul li {
    float: left;
}
.nav ul li a {
    line-height: 45px;
    background-image: url(../images/main01_03-06.gif);
    background-repeat: no-repeat;
    text-align: center;
    height: 45px;
    width: 102px;
    display: block;
    margin-right: 10px;
}
.nav ul li a:hover {
    background-image: url(../images/main01_03.gif);
    background-repeat: no-repeat;
    }
.clear {
    clear: both;
}
```

步骤 7： 网页尾制作。主要由一组导航栏和版本号、联系方式等文本组成，根据结构图写出结构代码。

HTML 程序代码：

```html
<footer class="footer clear">
  <nav class="footer_nav">
  <ul>
    <li><a href="#">加入我们</a></li>
    <li><a href="#">新闻活动</a></li>
    <li><a href="#">服务与合作</a></li>
    <li><a href="#">在线预约</a></li>
    <li><a href="#">课程特色</a></li></ul>
  </nav>
    <div class="footer_con">
      <div class="footer_logo"></div>
      <div class="footer_r">金苹果幼儿园 版权所有 Copyright©2008 All Rights
Reserved<br />
      电话：88273732 邮箱：zdyj@163.com</div>
    </div>
</footer>
```

步骤 8： 根据结构图给出数据，进行区块划分，文件尾导航需要水平居中 text-align: center;，设置导航 display: inline-block; 可以不采用 float 属性。

CSS 程序代码：

```
.footer {
    margin: auto;
    height: 102px;
    width: 1020px;
    border-top-width: 1px;
    border-top-style: solid;
    border-top-color: #CCC;
}
.footer_nav {
    height: 28px;
    text-align: center;
}
.footer_nav ul li {                 /*设置横向导航栏*/
    display: inline-block;
}
.footer_nav ul li a {               /*设置链接效果*/
    line-height: 28px;
    display: block;
    height: 28px;
    padding-right: 10px;
    padding-left: 10px;
}
.footer_con {
    background-color: #8bc208;
    height: 74px;
}
.footer_logo {
    float: left;
    height: 74px;
    width: 180px;
    background-image: url(../images/footerlogo.jpg);
    background-repeat: no-repeat;
    background-position: center center;
}
.footer_r {
    float: right;
    width: 800px;
    padding-top: 20px;
}
```

步骤9：选中文件体盒子标签，设置文件体为可编辑区域，如图 6.1.9 所示，模板设置完成，保存。

图 6.1.9　模板效果图

任务 6.2　金苹果幼儿园网站的制作

任务介绍

根据任务 6.1 中制作的模板制作网站首页，设置好主体页面的结构，如图 6.2.1 所示，采用浮动布局方式分成左中右三块，然后分别根据设计图对每块划分行列 ，对于导航类文本可以应用列表完成。

图 6.2.1　网站首页

任务分析

从网站定位来看，金苹果幼儿园是面向儿童的，所以网站的风格应该是靓丽欢快的色彩样式。本任务主要是通过金苹果幼儿园网站的制作，让学生学习一个页面从分析、布局到样式设置的整个制作的流程，在完成本任务过程中掌握如何对网站统一风格，以及外部 CSS 样式在网站中的应用。

实施步骤

步骤 1：新建"网站首页"，如图 6.2.2 所示，通过任务 6.1 中制作的模板进行创建。

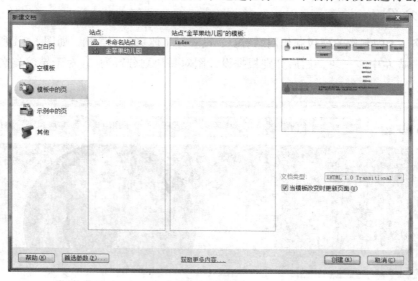

图 6.2.2 打开模板页

步骤 2：单击菜单"文件"→"新建"→"模板中的页"，选择任务 6.1 建立的 index.dwt 模板，使用模板创建的网页文档便出现在文档编辑窗口中，该网页中除了可编辑区域外都是不可修改的，如图 6.2.3 所示。

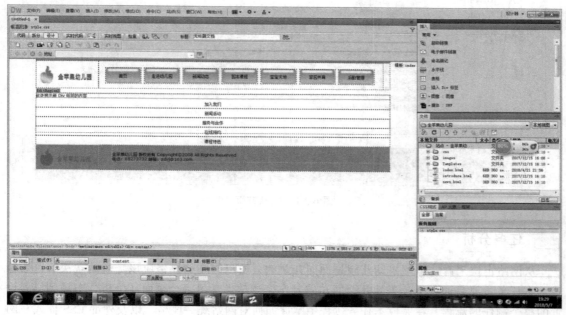

图 6.2.3 利用模板编辑页

步骤 3：绘制结构图。根据设计图设置首页文件体结构图，如图 6.2.4 所示。

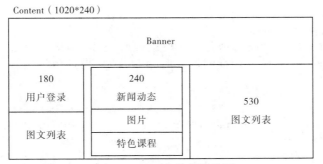

图 6.2.4 首页文件体结构图

步骤 4：设置网站的整体架构。首先设置 Banner，然后把主体分成左、中、右三块程序。

HTML 程序代码：

```
<section class="content">
  <div class="banner"></div>
  <div>
    <div class="content_left"> </div>
    <div class="content_main"> </div>
    <div class="content_right"> </div>
  </div>
</section>
```

CSS 程序代码：

```
.banner {
    background-image: url(../images/main01_11.gif);
    height: 240px;
}
.content {
    margin: auto;
    width: 1020px;
}
.content_left {
    float: left;
    width: 180px;
}
.content_main {
    float: left;
    width: 220px;
    padding-right: 10px;
    padding-left: 10px;
}
.content_right {
    float: left;
    width: 530px;
    padding-left: 10px;
}
```

步骤 5：设置 "content_left" 块。分成上下两块，上面为登录界面，添加表单，下面添加一个图文列表。每个列表项都有个背景图片，高 50 px，有下边框，文本左内边框加大，由于文本颜色不同添加不同的类选择器。

HTML 程序代码：

```
<div class="login">
    <form id="form1" name="form1" method="post" action="">
        <table width="100%" border="0" class="c_l_form">
        <tr>
          <td width="29%">us</td>
          <td width="71%"><label for="textfield"></label>
          <input   name="textfield"   type="text"   class="ico"   id=
"textfield" /></td>
        </tr>
        <tr>
          <td>pw</td>
          <td><label for="textfield2"></label>
          <input   name="textfield2"   type="text"   class="ico"   id=
"textfield2" /></td>
        </tr>
        <tr>
          <td> </td>
          <td><input   name="button"   type="submit"   class="ico"   id=
"button" value="登录" /></td>
        </tr>
      </table>
    </form>
  </div>
  <div class="c_left_two">
    <ul>

        <li class="c_l1">
          <h3 class="c_red">课程展示</h3><p class="c_font">fdgf</p>
        </li>
        <li class="c_l2">
          <h3 class="c_green">娱乐休闲</h3><p class="c_font">fdgf</p>
        </li>
        <li class="c_l3">
          <h3 class="c_blue"> 节日活动</h3><p class="c_font">fdgf</p>
        </li>
      </ul>
    </div>
```

CSS 程序代码：

```
.login {
    background-image: url(../images/login1.jpg);
    height: 204px;
    padding-left: 10px;
    position: relative;
}
.c_left_two {
    padding-left: 10px;
}
.c_left_two li {
    height: 50px;
```

```
        border-bottom-width: 1px;
        border-bottom-style: solid;
        border-bottom-color: #CCC;
        padding-left: 65px;
        padding-top: 20px;
    }
    .c_l1 {
        background-image: url(../images/main01_13-22.gif);
        background-repeat: no-repeat;
        background-position: left center;
    }
    .c_l2 {
        background-image: url(../images/main01_18-28.gif);
        background-repeat: no-repeat;
        background-position: left center;
    }
    .c_l3 {
        background-image: url(../images/main01_22.gif);
        background-repeat: no-repeat;
        background-position: left center;
    }
    .c_red {
        color: #F00;
    }
    .c_green {
        color: #51A00F;
    }.c_blue {
        color: #09F;
    }
```

步骤 6: 设置"content_main"块。分成上中下三块，上面为新闻动态块，中间为图片块，下面为课程特色块，链接前面有个蓝点的图片、黑色无下画线，鼠标悬停文字变成红色。

HTML 程序代码:

```
<div class="c_main">
        <h3>新闻动态</h3>
        <ul>
          <li><a href="#">三八节</a></li>
          <li><a href="#">第十三期校长资格培训班</a></li>
          <li><a href="#">重庆教师挂职学习</a></li>
          <li><a href="#">学生来园参观交流活动</a></li>
          <li><a href="#">六幼接受区幼儿园验收考核</a></li>
          <li><a href="#">上级领导关心视察六幼</a></li>
        </ul>
    </div>
        <div  class="sech"><img  src="images/btn-link1.jpg"  width="220"
height="55"  /><img  src="images/btn-link2.jpg"  width="223"  height="70"
/></div>
        <div class="c_main">
          <h3 class="c_main">特色课程</h3>
          <ul>
```

```
            <li><a href="#">家池分园举办&ldquo;我的中国梦</a>，</li>
            <li><a href="3">美丽&rdquo;幼儿绘画比赛秋高气爽运动季</a>，</li>
            <li><a href="#">玉泉分园加强户外锻炼</a></li>
            <li><a href="#">增实验园中班开展家长助教之垃圾</a></li>
            <li><a href="#">玉泉分园加强户外锻炼</a></li>
            <li><a href="#">增实验园中班开展家长助教之垃圾</a></li>
        </ul>

        </div>
```

CSS 程序代码：

```
.c_main {
    height: 200px;
}
.content_main h3 {
    height: 30px;
    border-bottom-width: 3px;
    border-bottom-style: double;
    border-bottom-color: #4B9C11;
    line-height: 35px;
    font-weight: normal;
    color: #8EC704;
    padding-left: 5px;
    margin-top: 10px;
    margin-bottom: 10px;
}
.content_main li {
    font-size: 12px;
    background-image: url(../images/1_38-45.gif);
    background-repeat: no-repeat;
    background-position: 5px center;
    padding-left: 20px;
    margin-top: 5px;
    margin-bottom: 5px;
}
.content_main a:hover {
    color: #F30;
    text-decoration: underline;
}
.sech img {
    height: 50px;
}
```

步骤 7：设置"content_right"块。添加图文列表，设置列表项向右浮动，使它们能够水平显示，内边距 padding：10 px 20 px，调整文本位置，由于每个列表项背景图片不同，所以为每个列表项分别添加类选择器。

HTML 程序代码：

```
<ul>
        <li class="c_r_l1">
          <h2 class="c_red">教育特色</h2>
```

```
            <p> 孩子是祖国的未来和希望，</p><p>在发展幼教事业的过程中</p><p>我们不仅
重视教育的方式和方法</p>
            </li>
            <li class="c_r_l2">
                <h2 class="c_orage">艺术团</h2>
                <p> 孩子是祖国的未来和希望，</p><p>在发展幼教事业的过程中</p><p>我们不
仅重视教育的方式和方法</p>
            </li>
            <li class="c_r_l3">
                <h2 class="c_blue">主题课程</h2>
                <p> 孩子是祖国的未来和希望，</p><p>在发展幼教事业的过程中</p><p>我们不
仅重视教育的方式和方法</p>
            </li>
            <li class="c_r_l4">
                <h2 class="c_green">我们的承诺</h2>
                <p> 孩子是祖国的未来和希望，</p><p>在发展幼教事业的过程中</p><p>我们
不仅重视教育的方式和方法</p>
            </li>
        </ul>
```

CSS 程序代码：

```
.contentside_right {
    float: right;
    width: 750px;
    padding-top: 10px;
    padding-right: 20px;
    padding-bottom: 10px;
    padding-left: 20px;
}
.c_r_l2 {
    background-image: url(../images/main01_17.gif);
    background-repeat: no-repeat;
    background-position: right bottom;
}
.c_r_l3 {
    background-image: url(../images/main01_24.gif);
    background-repeat: no-repeat;
    background-position: right bottom;
}
.c_r_l4 {
    background-image: url(../images/main01_25.gif);
    background-repeat: no-repeat;
    background-position: right bottom;
}

.c_orage {
    color: #F90;
}
```

步骤 8：创建网站子页"走进幼儿园"。单击菜单"文件"→"新建"→"模板中的页"，选择任务 6.1 建立的 index.dwt 模板，创建子页，结构图如图 6.2.5 所示，效果图如图 6.2.6 所示。

走进幼儿园导航	750 px
图文列表	文本

图 6.2.5　子页文件体结构图

图 6.2.6　子页效果图

HTML 程序代码：

```
<div class="content">
  <div class="content_left">
    <div class="c_left_one">
    <h2>走进幼儿园 </h2>
    <ul>
        <li><a href="3">办学思想</a></li>
        <li><a href="#">发展前景</a></li>
        <li><a href="#">师资介绍</a></li>
        <li><a href="#">作息时间</a></li>
      </ul>
    </div>
    <div class="c_left_two"> <ul>
        <li class="c_l1"><h3 class="c_red">课程展示</h3><p class="c_font">
fdgf</p>  </li>
        <li class="c_l2"><h3 class="c_green">娱乐休闲</h3><p class="c_
font">fdgf</p></li>
        <li class="c_l3"><h3 class="c_blue">节日活动</h3><p class="c_
font">fdgf</p></li>
      </ul></div>
  </div>
```

```
    <div class="contentside_right">
        <h2>金苹果幼儿园</h2>
        <p>北京市第六幼儿园建于<span lang="EN-US" xml:lang="EN-US">1954</span>
年，隶属于西城区教育委员会，是北京市市级示范幼儿园。  </p>

        ……
    <p>在教育研究方面，幼儿园编写的《蒙台梭利教育进行时》、《吾园小儿初长成》、《和孩子一起
&ldquo; 玩 &rdquo; 儿 》 相 继 正 式 出 版 ； <span  lang="EN-US"  xml:lang="EN-US">
2010</span>年&ldquo;运用蒙台梭利教育思想，探索青年教师快速成长的策略&rdquo;课题获区科
研成果三等奖；<span lang="EN-US" xml:lang="EN-US">2011</span>年幼儿园主题发言《换
一个角度看蒙台梭利教育》在世界亚洲蒙台梭利国际会议上交流并获得好评。<span lang="EN-US"
xml:lang="EN-US">2012</span>年《以促进幼儿主动学习为目标的&ldquo;园本活动课程
&rdquo;的实践研究》作为北京市"十二五"课题开始立项研究</p>
    </div>
    </div>
```

CSS 程序代码：

```
.content_left_one {
    padding-left: 10px;
}
.contentside_right {
    float: right;
    width: 750px;
    padding-top: 10px;
    padding-right: 20px;
    padding-bottom: 10px;
    padding-left: 20px;
}
.c_left_one {
    padding-left: 10px;
}
```

步骤 9：设置子页导航。左侧垂直列表效果，标题文本 color: #060，有下边框，链接有边框，左对齐，鼠标悬停时背景变成蓝色。

CSS 程序代码：

```
.c_left_one a {
    background-color: #f1f2f0;
    display: block;
    border: 1px solid #CCC;
    padding: 5px 5px 5px 20px;
    font-size: 12px;
    margin: 5px 2px 2px 2px;

}
.c_left_one h2 {
    color: #060;
    border-bottom-width: 1px;
    border-bottom-style: solid;
    border-bottom-color: #4B9C11;
    font-size: 16px;
    padding-top: 5px;
    padding-bottom: 5px;
    padding-left: 20px;
}
```

```
.c_left_one a:hover {
    color: #FFF;
    background-color: #066;
}
```

步骤 10：设置右侧文本。标题文本 color: #8EC704，有双线下边框，正文行高 10px，段前缩进 2 字符。

CSS 程序代码：

```
.contentside_right h2 {
    height: 30px;
    border-bottom-width: 3px;
    border-bottom-style: double;
    border-bottom-color: #4B9C11;
    line-height: 35px;
    font-weight: normal;
    color: #8EC704;
    padding-left: 5px;
    margin-top: 10px;
    margin-bottom: 10px;
}
.contentside_right p {
    line-height: 20px;
    text-indent: 2em;
    margin-top: 10px;
}
```

步骤 11：更新模板导航。网站首页、子页都完成后，在 Dreamweaver 中打开模板 index.dwt，选择模板中的导航栏文本，为文字添加相应链接地址，如图 6.2.7 所示，保存更新模板，更新相应网页。

图 6.2.7　更新模板导航

项目总结

本项目介绍了如何制作一个完整的网站，在本项目学习中，要注意以下几点：

- 当网站中相同结构的网页较多时可以使用模板，可方便做出很多页面，然后在此基础上对每个页面进行改动，加入个自的内容。
- 模板分成两部分：可编辑区域和不可编辑区域。要使模板有效，至少要有一个可编辑区域。
- 使用外部 CSS 样式方便网站的应用。

课 后 练 习

依据模板创建网页，将"金苹果幼儿园网"的逻辑结构图中的第一行、目录内容分别制作成网页。

参 考 文 献

[1] 谢冠怀，林晓仪. HTML5+CSS3 网页布局项目化教程[M]. 北京：中国铁道出版社，2017.

[2] 杨松. 网页设计案例教程（HTML5+CSS3+JavaScript）[M]. 北京：航空工业出版社，2015.

[3] 胡平，李知菲. 网页设计与制作项目化教程[M]. 北京：电子工业出版社，2013.

[4] 陆凌牛. HTML5+CSS3 权威指南[M]. 北京：机械工业出版社，2017.

[5] 唐四薪. HTML5+CSS3 Web 前端开发[M]. 北京：清华大学出版社，2018.